建筑信息模型全过程实战系列教程
张 翼 主编
【1阶】

Revit应用基础入门
密斯—范斯沃斯住宅建模详析

梁昊飞 著

东 南 大 学 出 版 社·南 京

图书在版编目（CIP）数据

Revit 应用基础入门：密斯 – 范斯沃斯住宅建模详析 /
梁昊飞著 . -- 南京：东南大学出版社，2020.6
建筑信息模型 (BIM) 全过程实战系列教程
ISBN 978-7-5641-8866-5

Ⅰ . ① R… Ⅱ . ①梁… Ⅲ . ①建筑设计 – 计算机辅助
设计 – 应用软件 – 教材 Ⅳ . ① TU201.4

中国版本图书馆 CIP 数据核字（2020）第 048278 号

书　　　名：Revit 应用基础入门：密斯 – 范斯沃斯住宅建模详析
Revit Yingyong Jichu Rumen: Misi–Fansiwosi Zhuzhai Jianmo Xiangxi
著　　　者：梁昊飞
责任编辑：戴　丽　魏晓平
出版发行：东南大学出版社
地　　　址：南京市四牌楼 2 号　邮编：210096
出 版 人：江建中
网　　　址：http://www.seupress.com
电子邮箱：press@seupress.com
印　　　刷：江苏扬中印刷有限公司
经　　　销：全国各地新华书店
开　　　本：787 mm × 1 092 mm　1/12
印　　　张：22
字　　　数：410 千字
版　　　次：2020 年 6 月第 1 版
印　　　次：2020 年 6 月第 1 次印刷
书　　　号：ISBN 978-7-5641-8866-5
定　　　价：75.00 元

（若有印装质量问题，请与营销部联系。电话：025-83791830）

目录

120

132

第一章

凡例与说明

18

1.1 本册教学目标

1.1.1 本册教程针对新手入门，在进行本丛书其他教程的学习之前，须先完成本册教程的学习。

1.1.2 学会创建建模文件和选择样板。

1.1.3 认知并熟悉 Revit 的用户界面及基本术语。

1.1.4 认知并理解"测量点""项目基点""轴线""标高""参照平面""族"等重要的 Revit 概念的基本原理和工作逻辑。

1.1.5 通过建模演练，对 Revit 的模型创建、参数设置、信息管理的功能特点和工作逻辑形成一个直观的、初步的、总体的认识。

1.1.6 掌握本教程中所涉及的常规建模操作，并在日常的演练中尝试举一反三。

1.1.7 注意：总结本册教程的教学目标，重点在于"入门"和"体验"。"入门"，指的是要对前提性的操作和核心原理做到熟习和掌握；"体验"则重在对 BIM（建筑信息模型）系统和 Revit 工具的工作特征形成直观和具体的体验和认知。

　　本着重体验的目标，本册教程中仅涉及部分简单的建模操作以供读者体会和琢磨，但并不对全部基础操作进行全面的讲解，在演练过程中，读者对一些 Revit 功能在实战中的应用有所疑惑是正常的。对于更全面的建模功能和设计信息管理的学习，我们将在其他进阶的分册中有步骤、分类型地陆续完成。

1.2 凡例

1.2.1 分栏

　　本册教材的阅读界面都将由"正文栏"与"注释栏"两部分分栏构成。

　　"正文栏"是排在页面靠装订线远端占较宽版面的白底部分。教程中演示操作步骤以及讲解需要深化理解的重要的核心原理的内容，都将呈现在"正文栏"中。"正文栏"中的内容是连贯有序的，在本册教材的教学目标下，这些内容是编者建议读者必须阅读的。

　　"注释栏"是排在页面靠装订线近端占较窄版面的灰底部分，在注释内容比较多的少数特殊情况下，会占满整个版面。"注释栏"包含两类内容：第一类是与 Revit 功能或原理有关的拓展性内容，用于引申相关的知识或引导读者对同类的功能举一反三，等等；第二类是与作为教具的建筑名作相关的说明或赏析。"注释栏"中的内容是离散、不连贯的，它们围绕着"正文栏"中的主线内容引申出来，可以分开或有选择地阅读，这些内容并不是绝对必需的，即便略过不读，也不影响读者完成本册的教学目标。

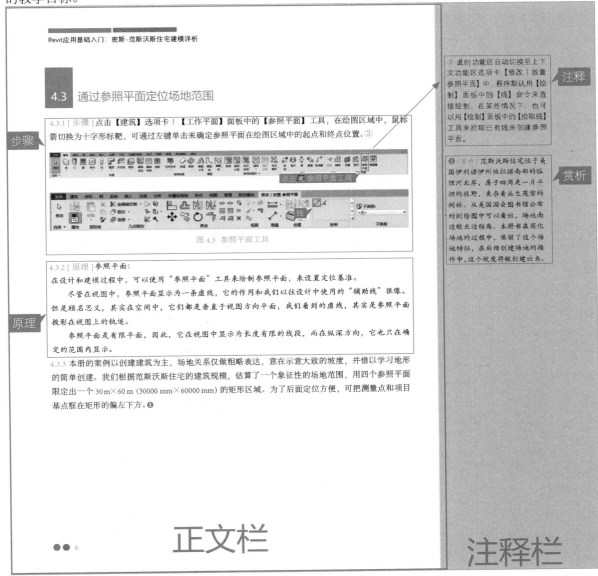

图 1.1　丛书凡例示意

1.2.2 步骤条目

为了方便读者清晰阅读并高效地跟随教程进行操作演练，在"正文栏"的内容里，那些直接讲解建模操作的步骤条目，在条目编号后都标注了"[步骤]"字样，当读者在打开 Revit 程序追随教程中的讲解逐步操作的时候，可以暂时跳过其他展开的内容，盯紧标有"[步骤]"的步骤条目进行连续操作，以完成教程中的建模演练。

1.2.3 原理条目

跟随步骤条目演练操作，意在增强建模体验，并检验对建模功能的掌握程度。但是，Revit 并不是简单的图形建模工具，它有基于建筑学和工程学原理的更细化和严密的内在逻辑，所以，要想在未来的设计工作里有效地制订建模计划和选择技术路径，就必须对 Revit 的工作原理和运算逻辑有足够深刻的理解。

基于上述原因，在"正文栏"的内容里，那些详细讲解 Revit 重要原理的条目，在条目编号后都标注了"[原理]"字样，并从字体上与其他正文内容相区分，意在提示读者仔细阅读和理解，并在将来相关的操作学习中，反复参详和品味这些内容。

1.2.4 注释

此时功能区自动切换至上下文功能区选项卡【修改 | 放置 参照平面】中，程序默认用【绘制】面板中的【线】命令来直接绘制，在某些情况下，也可以用【绘制】面板中的【拾取线】工具来拾取已有线来创建参照平面。注释是与正文讲解内容点相关的进一步解析和拓展知识。注释内容的字体与正文字体不同（等线），在正文引出的位置有索引编号，在注释条目前面亦标有相对应的编号，如"①"。

1.2.5 名作赏析

由于本丛书多数教学都以大师名作作为实例，在涉及名作中重要的、有趣的建筑学问题时，会进行简要的点评和赏析，这些赏析内容与 Revit 操作相配合，有助于读者将建模工作与设计过程对应起来。名作赏析的内容安排在相应章节的注释栏，由于并不与讲解操作的内容严格对应，所以没有索引编号。为了与"注释"相区别，名作赏析的字体选用楷体，在条目前面有"[赏析]"标记。

1.2.6 精简步骤表达的格式

Revit 程序中的建模工具和信息工具，通常都经过若干层级的分类，被收纳在不同的"功能选项卡""面板""属性选项板"等各式各样的功能区内（这些内容将在第二章中详解），在讲解建模步骤的时候，为了方便快捷地表达这些工具所在的位置：我们用"丨"来分隔收纳工具的各逻辑层级；并用"【】"来标识 Revit 中特定的选项卡、面板、菜单、工具以及信息栏等的术语名称，令它们清晰地与正文中的行文措辞区分开来。比如，当我们要在功能区的"建筑"选项卡下的"工作平面"面板中选择"参照平面"工具时，可精简表达为："【建筑】选项卡 | 【工作平面】面板 | 【参照平面】工具"。

1.3　关于作为教具的名作

1.3.1 根据本册教程的教学目标，我们选择现代主义大师密斯·凡·德·罗设计的范斯沃斯住宅作为演示建模的教具，建模的深度以一般通行的"方案深度"为基础，结合名作中重要的做法，对某些设计内容（尤其是涉及重要的结构逻辑和可见的构造表现的地方）加深了建模深度。

1.3.2 我们确定设计数据的主要依据是美国国会图书馆（Library of Congress）官方网站（https://www.loc.gov）所公示的一套实测图，在目前我们所掌握的能阐释相关细节的资料里，这套图纸是最细致和全面的。但作为一套严谨的实测图，它以建成现状为依据，因此，由于施工微差和形变的必然存在，图纸中的数据必然有异于密斯的设计尺寸，比如本例中的轴网，几乎每个开间在尺寸上都有微小的差别。对此，我们参考一些其他的研究数据，并结合对密斯设计初衷的推测，对一些控制性的数据进行了梳理和调整。

因此，我们在教学过程中所应用的数据，并不完全与源数据相符，而是经编者团队思考和讨论的成果。这些成果也许并不成熟，有些很个人化，但是作为建筑师，在演练建模的过程中讨论这些建筑学问题，一定是一件很有趣的事情。

1.3.3 原资料中的尺寸数据是以英制为单位的，包括美国标准的钢结构型材规格也是基于英制体系的。但在本教程中，为了让中国的读者更直观地理解设计数据所表达的尺度，也为了让教学内容更贴近国内建筑师的工作习惯，我们将英制数据换算为公制。在换算和重新取整的过程中，也会导致数据中的误差。我们将尽量在注释内容中提供源数据，有心的读者，也可以依据这些资料，自行确定设计数据来完成建模的练习。

第二章

用户界面

2.1 用户界面的组成部分

2.1.1 如图 2.1 和表 2.1 所示，用户界面由多个部分组成，其中较为常用的，用红色字体标记并展开介绍。

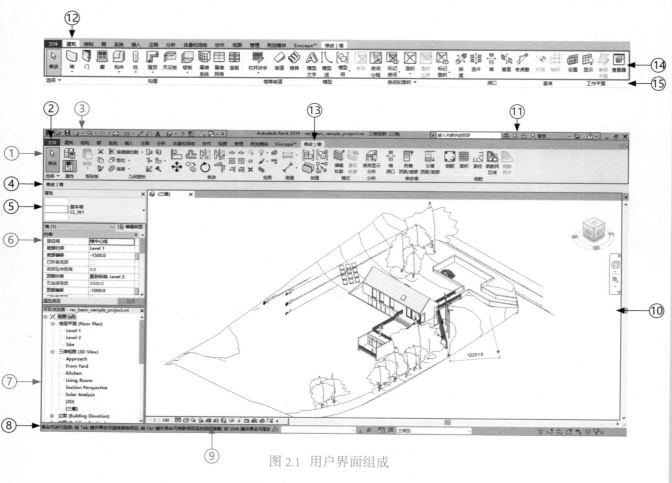

图 2.1　用户界面组成

表 2.1　用户界面组成清单

编号	用户界面组成部分的名称	功能简介
1	功能区	功能区提供项目或族所需的全部工具
2	文件选项卡	文件选项卡上提供了常用文件操作，例如"新建""打开"和"保存"。 还允许使用更高级的工具（如"导出"和"发布"）来管理文件
3	快速访问工具栏	快速访问工具栏包含一组默认工具。可以将功能区中的工具右键添加到快速访问工具栏，并通过快速访问工具栏右侧的下拉菜单对这些工具进行管理
4	选项栏	选项栏位于功能区下方。根据当前工具或选定的图元显示条件工具
5	类型选择器	"类型选择器"可标识当前选择的族类型，并提供一个可从中选择其他类型的下拉列表
6	属性选项板	通过"属性"选项板，可以查看和修改用来定义图元属性的参数
7	项目浏览器	"项目浏览器"用于显示当前项目中所有视图、明细表、图纸、组和其他部分的逻辑层次。 展开和折叠各分支时，将显示下一层项目
8	状态栏	状态栏会提供有关要执行的操作的提示。 高亮显示图元或构件时，状态栏会显示族和类型的名称
9	视图控制栏	视图控制栏可以快速访问影响当前视图的功能
10	绘制区域	绘制区域显示当前模型的视图（以及图纸和明细表）。每次打开模型中的某个视图时，该视图会显示在绘制区域中
11	信息中心	信息中心提供一套用于访问更多相关产品信息源的工具
12	功能区上的选项卡	选项卡相当于对功能区中工具的一级分类
13	功能区上的上下文选项卡	使用某些工具或者选择图元时，上下文功能区选项卡中会显示与该工具或图元的上下文相关的工具。 退出该工具或清除选择时，该选项卡将关闭
14	功能区上的面板	面板相当于在选项卡的基础上，对工具进行的二级分类。点击面板标题旁的箭头（如果有）可以展开面板，显示更多相关工具与控件
15	功能区当前选项卡上的工具	

2.2 快捷键、提示与帮助

2.2.1 将光标停留在功能区某个工具之上时，默认情况下，Revit 会显示工具提示。包括该工具的快捷键、简要说明。如果光标再停留片刻，则会显示附加的信息（如果有），如示例图片、小动画等。此时按下 F1 键即可访问相应的官方帮助文件页面。

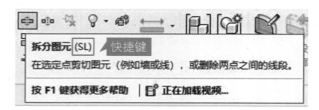 

图 2.2　工具提示

2.3 入门操作

2.3.1 我们通过几个简单的操作来快速熟悉这些界面。

2.3.2 [步骤] 单击打开建筑样例项目。

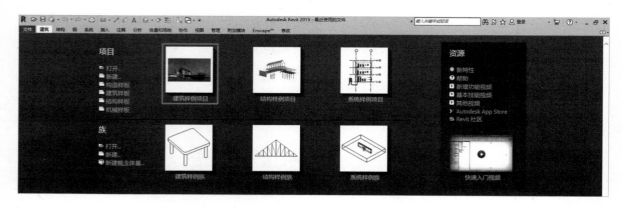

图 2.3　打开建筑样例项目

2.3.3 可以看到绘图区域中是一张图纸。

2.3.4 [步骤] 单击【快速访问工具栏】中的【默认三维视图】🏠，打开默认的三维视图。

2.3.5 [步骤] 在【视图控制栏】中点击【视觉样式】选择【着色】，将三维视图改为着色显示。

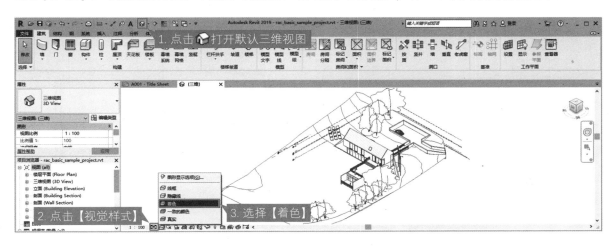

图 2.4 修改三维视图视觉样式

2.3.6 [步骤] 点击【项目浏览器】|【视图】|【楼层平面】左侧的加号，展开楼层平面视图列表，双击【Level 1】打开一个平面视图。

2.3.7 [步骤] 单击功能区中【视图】选项卡|【窗口】面板|【平铺视图】，可以在绘图区域中同时查看多个视图。

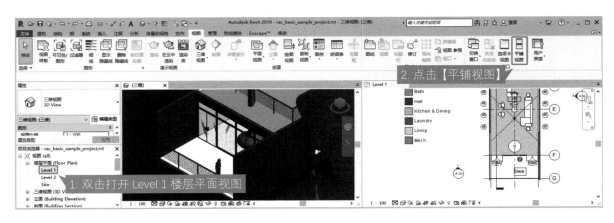

图 2.5 平铺视图

2.3.8[步骤]单击选择平面图中的一扇门，可以在【属性选项板】中看到该门的信息，在【属性选项板】|【类型选择器】中选择其他门类型，可将该门替换为所选的类型，平面视图及三维视图中该门的显示均已更新。

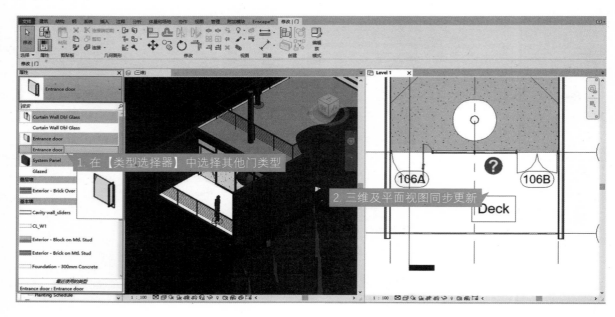

图 2.6 修改门类型

3

第三章

创建文件

132

120

18

3.1 创建文件

3.1.1 [步骤] 创建 Revit 文件非常简单：打开 Revit 程序，进入启动页面；在【项目】下选择【建筑样板】就完成了创建。程序会自动进入建模界面。①

3.1.2 这是创建模型文件最简单的方式：由于本册教程要创建的范斯沃斯住宅，涉及的建模内容以建筑专业为主；同时，由于在本册教程的教学中，尚不涉及与自定义样板相关的操作，应用 Revit 系统默认的"建筑样板"足以完成所有的工作，所以可以如 [3.1.1] 步操作即可。

图 3.1 从建筑样板创建文件

3.2 保存文件

3.2.1 [步骤] 保存文件，并拟定文件名。接下来的模型创建都在这个文件中完成。

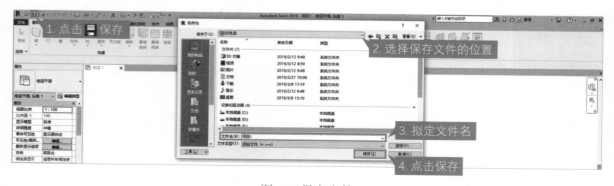

图 3.2 保存文件

① **另一种创建文件的方式**

打开 Revit 程序进入启动页面，在【项目】下选择【新建…】进入【新建项目】对话框，在【样板文件】下拉菜单中选择"建筑样板"（或其他自定义样板），在【项目】面板中单选【项目】。

在入门的学习中，这种创建文件的方法略显复杂，但是在将来进阶的应用中，如希望选择自定义的样板文件而非默认样板时，就需要在这种提供更多选项的方式下创建文件了。

4

132

120

第四章
创建场地

18

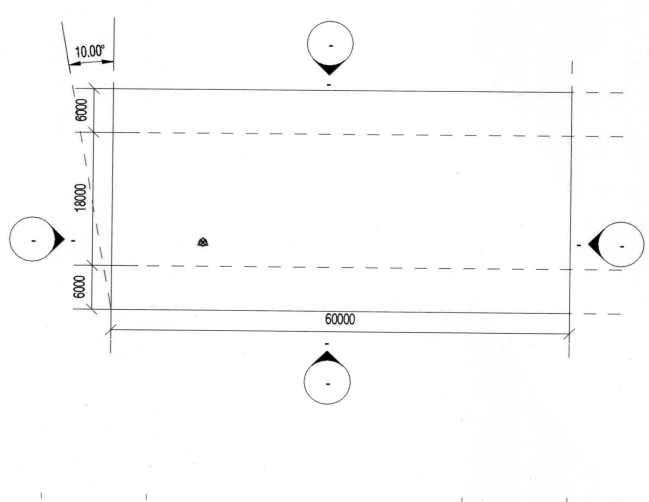

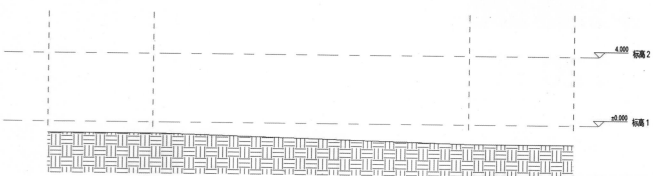

② 比例尺

尽管在设计思考过程中，比例尺似乎并不直接影响对设计问题的推敲，但是，在视图中（尤其是在诸如平面图、立面图和剖面图的正投影图视图中）设置比例尺，可以让建筑师在检视设计的过程中同时对设计的图纸表达深度形成评估和判断，从而在设计阶段完成后能更有把握地完成出图设置。Revit 作为建筑化的辅助设计平台，无论在模型创建、图纸编辑还是检视界面等各个方面的工作逻辑，都表现出鲜明的建筑学专业特征。更贴合建筑师的知识背景和工作习惯，这也是 Revit 与其他建模或绘图工具非常不同的地方。

4.1 设置场地视图

4.1.1 "视图"是我们进行建模、出图等工作主要的检视和操作界面。Revit 有很多视图类型，可以按平面、立面、剖面等二维投影类型划分，可以检视三维透视或轴测关系，也可根据结构、建筑、设备等专业分类，还可以根据企业管理、项目类型或者个人习惯来自定义。

这些视图都收纳在屏幕左侧的【项目浏览器】中统一管理。除视图之外，【项目管理器】中还收纳了"图例""明细表"等其他功能，我们在后面的学习中遇到这些功能时会陆续讲解。

4.1.2 [步骤]双击【项目浏览器】|【视图】|【楼层平面】下的"场地"视图，屏幕绘图区域中会自动进入"场地"视图。

4.1.3 [步骤]在靠屏幕下方的视图控制栏中有一项是比例尺（通常默认为1∶100），单击该项，弹出比例尺选择菜单，可以在既有比例尺中选择，也可通过"自定义"输入数值。本例中根据范斯沃斯住宅的总体规模，选择 1∶500 比较恰当。②

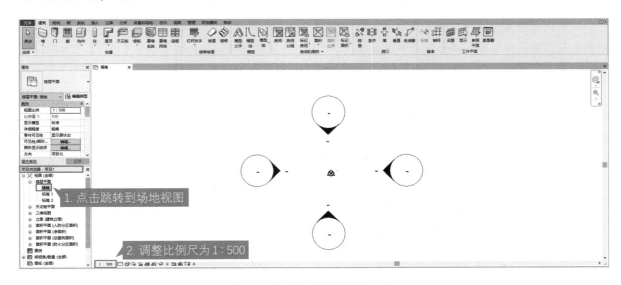

图 4.1 调整场地视图的比例尺

4.1.4 用鼠标滚轮可以在视图中快捷地缩放显示的大小。

4.2 测量点和项目基点

4.2.1 在默认的场地视图中，有一个看起来有点复杂的几何形标记 ⬡，无论如何缩放视图中的显示大小，这个标记的大小都是恒定的。这其实是"测量点"和"项目基点"两个定位标记重叠起来以后的显示。"测量点"和"项目基点"是 Revit 里非常重要的两类定位，通常只在场地视图中显示。

4.2.2 [原理] 测量点 △

测量点会为 Revit 模型提供真实世界的关联环境。

比如，将测量点与项目所在的城市坐标和绝对高程相关联，那么它就定义了建筑项目在城市中的位置。因此，当我们移动测量点，改变的是建筑在城市坐标和高程系统中的定位，而不会影响到建筑项目内部的形态和建筑要素之间的关系。

测量点中所储存的信息，不止是建筑项目的重要数据，同时也会影响到模型与地理信息系统的关联，以及对建筑日照、热工等技术计算分析的前提地理条件。

在一般的项目应用中，推荐的做法是：选择用地红线或建筑红线的关键拐点坐标来进行测量点坐标的定位。要确保测量点不会无意中被移动，可选择该点并单击【修改】选项卡中【修改】面板的【锁定】工具将其锁定。（如图 4.2 所示）

4.2.3 [原理] 项目基点 ⊗

项目基点可用于建立一个参照，用于测量距离以及相对于模型进行对象定位。

项目基点定义了包含相对高程数据在内的项目相对坐标系的原点（0,0,0）。项目内所有的建筑构件都基于项目基点进行定位和测量。因此，移动项目基点时，建筑项目中所有的构件都会追随基点同步移动，以保持其相对定位关系不变。③

在一般的项目应用中，习惯选择建筑轴网的左下角交点来定位项目基点（纵横两方向轴线的编号起点）。要确保项目基点不会无意中被移动，可选择该点并单击【修改】选项卡中【修改】面板的【锁定】工具将其锁定。（如图 4.2 所示）

4.2.4 [原理] 在场地视图中，只要准确地定义测量点，并保证项目基点与测量点之间处于正确的相对位置关系，就自然实现了绝对高程与相对高程、城市坐标与相对坐标（项目坐标系）之间的转换和数据换算。

③ **测量点和项目基点的裁剪**

选中测量点或项目基点时，左上角会出现一个回形针符号，提示测量点或项目基点的裁剪状态。◪ 表示已裁剪，◪ 表示未裁剪。点击该符号，可以切换裁剪状态。

在不同状态下移动项目基点的效果：

已裁剪 ◪：相对于测量点移动整个模型（[4.2.3] 中情况）。

未裁剪 ◪：将项目基点移动到模型上的另一位置。

在不同状态下移动测量点的效果：

已裁剪 ◪：相对于模型移动测量坐标系。

未裁剪 ◪：将测量点更改到测量坐标系中的另一位置。

④ 创建参照平面的方式

此时功能区自动切换至上下文功能区选项卡【修改｜放置 参照平面】中,程序默认用【绘制】面板中的【线】命令来直接绘制, 在某些情况下, 也可以用【绘制】面板中的【拾取线】工具来拾取已有线来创建参照平面。

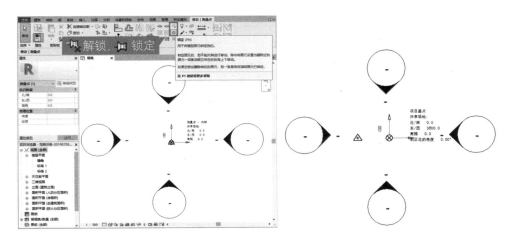

图 4.2 左：测量点的锁定与解锁 右：移动项目基点所有建筑构件跟随移动

4.3 通过参照平面定位场地范围

4.3.1 [步骤] 点击【建筑】选项卡｜【工作平面】面板中的【参照平面】工具, 在绘图区域中, 鼠标箭切换为十字形标靶, 可通过左键单击来确定参照平面在绘图区域中的起点和终点位置。④

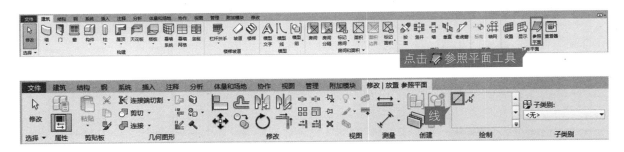

图 4.3 参照平面工具

4.3.2 [原理] 参照平面

在设计和建模过程中, 可以使用【参照平面】工具来绘制参照平面, 来设置定位基准。

尽管在视图中, 参照平面显示为一条线, 它的作用和我们以往设计中使用的"辅助线"很像。但是顾名思义, 其实在空间中, 它们都是垂直于视图方向的平面, 我们看到的线, 其实是参照平面投影在视图上的轨迹。

参照平面是有限平面, 因此, 它在视图中显示为长度有限的线段, 而在纵深方向, 它也只在确定的范围内显示。

4.3.3 本册的案例以创建建筑为主，场地关系仅做粗略表达，意在示意大致的坡度，并借以学习地形的简单创建。我们根据范斯沃斯住宅的建筑规模，估算了一个象征性的场地范围，用四个参照平面限定出一个 30 m×60 m（30000 mm×60000 mm）的矩形区域。为了后面定位方便，可把测量点和项目基点框在矩形的偏左下方。

4.3.4 [步骤] 在绘制区域内绘制 4 条参照线：

    4.3.4.1 在绘制过程中，系统会自动捕捉并提示水平或垂直的正交方向。

    4.3.4.2 在绘制新的参照平面时，系统会自动显示正在绘制的参照平面的关键点与原有参照平面或其他图形元素之间的临时尺寸标注，以辅助定位。

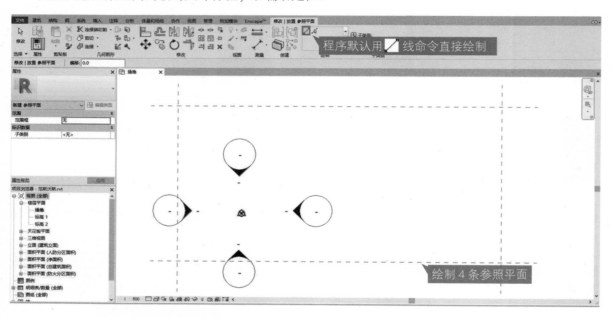

图 4.4　通过临时尺寸标注调整参照平面间距

4.3.5 [步骤] 调整参照平面的准确定位：

    4.3.5.1 [步骤] 点选快速访问工具栏中的【对齐尺寸标注】工具，为各参照平面之间的间距标注尺寸；单击选中想要移动微调的参照平面，则尺寸标注进入可编辑模式，左键激活尺寸数据，输入准确的间距值，则目标轴线会根据输入尺寸定位到准确的位置。⑤

    4.3.5.2 通过拖曳参照平面虚线两端的圆圈形控制柄，可以调整参照平面的长度。

4.3.6 [步骤] 调整参数设置及锁定：

    4.3.6.1 [步骤] 选中参照平面，通过上下文功能区选项卡【修改 | 参照平面】的【修改】面板中的【锁定】和【解锁】工具来实现锁定 | 解锁切换。对于重要的控制性定位上的参照平面，建议锁定以避免在之后的操作过程中误删或移动。

    4.3.6.2 [步骤] 选中参照平面，在轨迹虚线端部有【编辑参数】信息框，点击并输入编号或名称为

⑤ 通过修改测量标注数据来实现准确定位，是一种非常常用和有效的方法，如后文中 [4.8.4] 中调整角度，也是相同的原理。

⑥ **参照平面的另一种命名方式**

也可以选中参照平面，通过在【属性】选项板 | 【标识数据】 | 【名称】信息栏中键入名称来为参照平面命名。

⑦ **立面标记是一组图元**

立面标记并不是一个单独的图元，而是由"视图标签""方向箭头""剖切线"等一组功能图元组合在一起构成的，所以在希望拖曳整个立面标记的位置时，应该用鼠标框选，以保证所有图元都被选中。当一个立面标记的所有图元都被选中时，视图右下角的过滤器将显示有2个图元被选中。可以根据过滤器旁显示的数字来判断是否已选中立面标记的所有图元。

参照平面命名，方便识别和搜索。对于重要的参照平面，这是个很实用的技巧。⑥

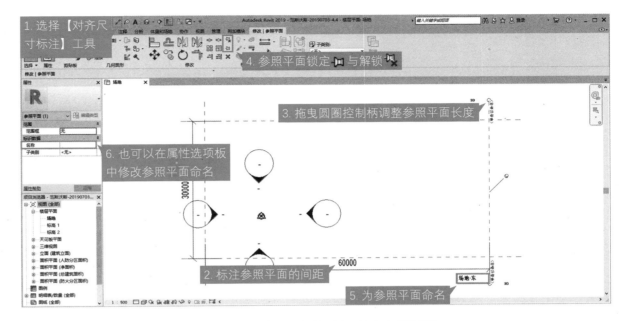

图 4.5　标注参照平面间距、锁定参照平面

4.4　立面标记

4.4.1 除测量点和项目基点外，"场地"视图中还有四个指向视图中央的立面标记 ⊙ ，它们定义了四个正立面，并与【项目浏览器】 | 【视图】 | 【立面（建筑立面）】中【东】、【北】、【南】、【西】四个默认的立面视图相关联。相关的应用和定义方法会在后面的步骤中涉及。

4.4.2 [步骤] 框选（注意要全部选中立面符号中所有的图元）并拖曳立面标记的位置，使其分别居于参照平面所限定的场地范围四周（如图 4.6 所示），以便在场地创建过程中，让立面视图能清晰地反映场地在不同方向上的投影关系。⑦

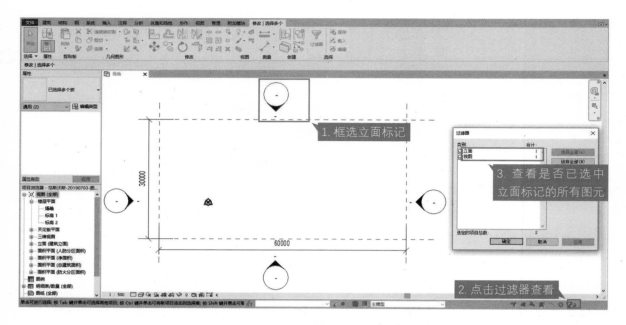

⑧ 创建地形表面的方式

　　创建地形表面有两种方式，一种是本例中的 "放置点"；另一种是 " 导入 " 方式（【修改 | 编辑表面】上下文功能选项卡 |【工具】面板中的另一个工具就是【通过导入创建】），"导入"方式可以创建数据更加复杂的地形，我们会在本丛书其他分册的实例中介绍。

图 4.6　框选并拖曳立面标记到参照平面四周

4.5　创建地形表面

4.5.1 [步骤] 点击【体量和场地】选项卡 |【场地建模】面板 |【地形表面】工具，进入【修改 | 编辑表面】上下文功能选项卡。此时【工具】面板中默认选中的是【放置点】工具；绘图区域进入编辑模式。⑧

4.5.2 [步骤] 捕捉参照平面的 4 个交点，依次放置 4 个点，确认无误后，点击【修改 | 编辑表面】上下文功能选项卡中【表面】面板中的【✓】，完成地形表面的创建。

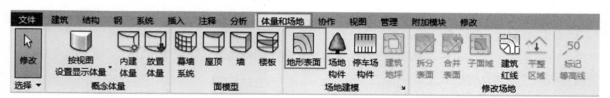

⑨ 需要警惕的是：由于过程中无法保存，如果在编辑界面中一次性执行过多操作，那么由于操作步骤的错误，或者因系统 Bug 崩溃所带来的返工风险就会增大。对此，一个有效的应对技巧是：在进行步骤较多、较复杂的编辑时，建议每次进入编辑界面完成其中一个阶段的绘制和编辑后即勾选【√】退出编辑界面，以便保存阶段成果；如此多次进入编辑界面，分阶段完成编辑工作。

⑩ **管理材质**

　　材质通过【管理】→【设置】→【材质】弹出的【材质浏览器】窗口进行管理，通常根据项目需求，统一材质命名方式，增加、编辑及设置一套项目级材质库。

　　材质控制模型图元在视图和渲染中的显示方式，在方案设计阶段，我们主要控制标识、图形、外观这三类信息。

　　1) 标识：项目中有关材质的信息，如说明、制造商和成本数据等。

　　2) 图形：控制三个属性，"着色"控制图形在未渲染外观时的颜色与透明度。"表面填充图案"与"截面填充图案"控制图形在二维与三维视图中的表面显示与截面显示。若视图的"可见性/图形"对构件的表面与截面显示进行了设置，则在该视图中的显示方式会受到"可见性/图形"的控制，而不受材质"图形"设置的控制。比如对于钢筋混凝土材质，我们在材质的"截面填充图案"中设置为国标钢筋混凝土截面的图例，而在小于 1∶100 比例的视图中，

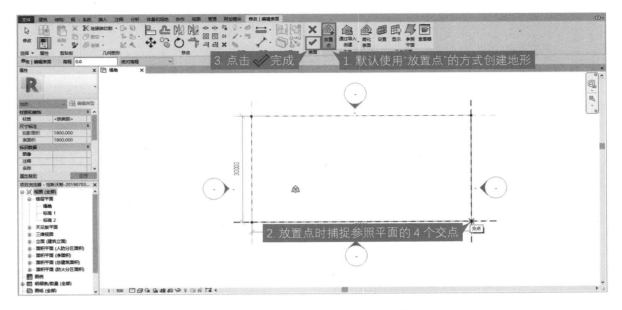

图 4.7　通过放置点的方式创建地形表面

4.5.3 [原理] 关于编辑界面

　　在 Revit 中创建某些构件（如地形、楼板、楼梯、体量、模型组、内建族等）的过程中，通常都会进入编辑界面。此时绘制区域中其他图元要素会统一变淡，仅有绘制和编辑的目标构件的显示是鲜明的。

　　在进入编辑界面进行绘制的过程中，文件无法保存或同步，也无法选中绘制目标构件之外的其他图元。在完成编辑后，要勾选【√】来结束编辑并退出编辑界面，然后保存或绘制其他内容；若选择【×】则会失去所有在编辑界面中编辑的内容且无法返回。

　　编辑界面提供了一个清晰、专注的界面，帮助我们专注于特定构件的绘制和编辑，不受视图绘制区域中其他图形因素的干扰。这是 Revit 中又一专业性极强的功能。⑨

4.6　设置地形显示

4.6.1 [步骤] 选中地形表面；【属性】选项板 | 实例属性的【材质和装饰】|【材质】信息栏，点击信息栏空白处，右侧会显示一个【...】按钮，弹出【材质浏览器】对话框。⑩

4.6.2 [步骤] 在对话框左侧【项目材质】菜单栏中选择"土壤"。

4.6.3 [步骤] 在对话框右侧【图形】选项卡 |【着色】属性 |【颜色】设置，单击显示当前色号的色板栏，弹出色板，选择希望给地形表面着色的色号（如图 4.8 所示）。

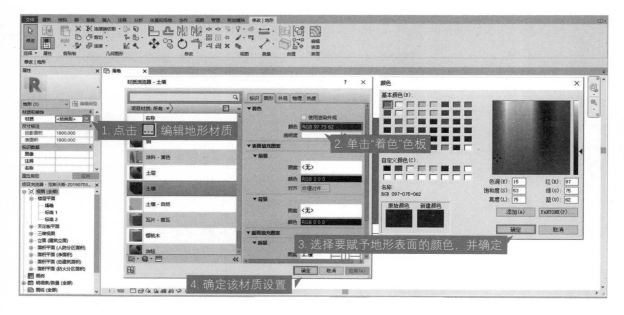

图 4.8 设置地形着色

利用"可见性/图形"将其截面显示控制为黑色填充。

3) 外观：控制材质在渲染视图、真实视图或光线追踪视图中的显示方式，可应用、编辑系统自带的外观库，也可自定义材质贴图。配合专业渲染平台会取得更好的渲染效果，本册将不展开渲染贴图设置的描述。

4.6.4 [步骤] 按【确定】退出设置，回到场地视图；在屏幕下方的视图控制栏中单击【视觉样式】工具 ，在拓展菜单中选择【着色】模式；此时，场地视图中表示地形表面的矩形从线框变成色块，显示为在颜色设置中选择的色号。（在【视觉样式】菜单中选择【线框】可恢复线框显示）Revit 提供了很多种视觉样式，适合不同的情境和检视需求，读者可以自行探索尝试。

4.6.5 [步骤] 通过 [4.6.1] 操作重新回到【材质浏览器】对话框，在【图形】选项卡｜【截面填充图案】属性｜【前景】｜【图案】栏，选择填充图案（如图 4.9 所示）；按【确定】完成设置。

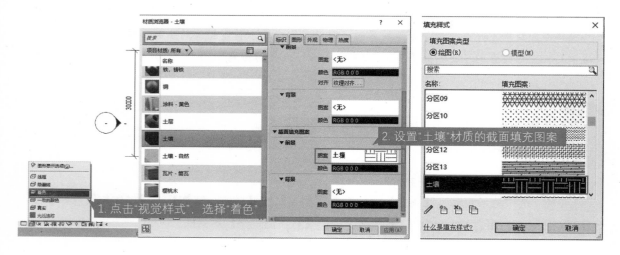

图 4.9 设置视觉样式与截面填充图案

① 注意：剖切线的位置尽量放在靠近它所属的立面标记一侧，以保证将来立面视图中能投影出完整的建筑立面。

4.7　调整并检视立面视图

4.7.1 [步骤] 进入"场地"视图，点击选中立面标记中指示方向的箭头，此时除了被选中的箭头显示为蓝色外，在立面标记附近（或与之交叠）还会出现一根蓝色的直线，其方向与箭头指向方向相垂直；这是立面视图中的剖切线，拖曳剖切线进入地形表面的范围，以令其剖切地面。①

4.7.2 [步骤] 从【项目浏览器】进入【立面（建筑立面）】视图，任选一个方向的立面，在立面图中检视地形表面以及剖切地面的形态；此时，地面剖切面应该显示在【截面填充图案】属性中设置的图案。

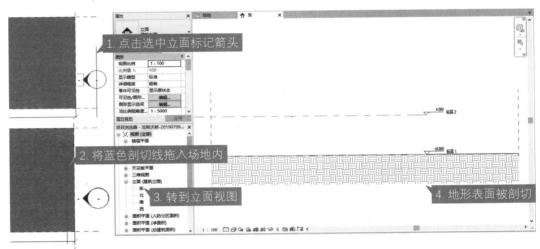

图 4.10　调整立面剖切线位置并转到立面视图

4.8　定义正北及项目北

4.8.1 [原理] 正北与项目北：

4.8.1.1 正北：是真实世界的正北方向，即指北针指向的方向。

4.8.1.2 项目北：通常基于建筑几何图形的主轴方向。在设计建模的过程中，通常令项目北与图纸成正交对齐关系，以方便绘制。

4.8.1.3 在真实设计中，因为地形、功能需要等各种原因，我们往往很难让图面正方向与正北方向完全吻合。因此，Revit 中支持分别定义"正北"和"项目北"的功能是非常贴心的，这样我们就不必在图面正交和真实正北之间陷入两难了。

4.8.1.4 当项目北和正北之间存在角度偏移时，在建模过程中，可以在"项目北"下工作；而在需要参考地形、日照、风向等自然条件时，又可以切换到"正北"下工作。

4.8.2 范斯沃斯住宅的建筑主轴方向，与正北方向存在一个大致在 10°的偏角，所以需要定义正北与项目北之间的偏角。

4.8.3 在 Revit 默认状态下，正北和项目北都是指向绘图区域正上方的。在【属性】选项板｜【方向】栏的下拉菜单下，可以切换"正北"和"项目北"两种显示模式，在没有旋转正北或项目北的情况下，这两种模式的显示是一样的。

图 4.11　左：范斯沃斯建筑主轴与正北的偏角；右：在【属性】选项板切换项目北与正北

左图源自：美国国会图书馆 https://www.loc.gov/item/ilo323

4.8.4 [步骤] 用参照平面确定偏角：

4.8.4.1 [步骤] 点击【建筑】选项卡｜【工作平面】面板中的【参照平面】工具，捕捉前面创建地形时绘制的一条竖向参照平面的下端作为起点，以大致角度定位参照平面。

4.8.4.2 [步骤] 点击【注释】选项卡｜【尺寸标注】面板｜【角度】工具，分别选中两个参照平面，标注夹角。

4.8.4.3 [步骤] 选中带倾角的参照平面，此时标注的角度数据进入可编辑模式，点击夹角数据并输入角度值，这样，倾斜的参照平面就定位在准确的角度上了。

⑫ **旋转正北或项目北的设置**

如果要旋转正北，则需要先令【属性】选项板|【方向】栏中的设置为"正北"；同理，如果要旋转项目北时，需要先令【属性】选项板|【方向】栏中的设置为"项目北"。

⑬ 如在操作前未解锁，系统会提示此步操作。

⑭ **旋转正北或项目北**

如果要确保建模时的"项目北"与绘制区域成正交关系，则需要旋转正北，反之则旋转项目北。在多数情况下，我们都会让项目北是正交的，以方便绘制，所以在本例中使用【旋转正北】工具。

在激活【旋转正北】工具后，在功能区下方的选项栏中会出现用于输入偏角信息的信息栏（可通过方向偏角或时针方向偏角来输入），当确知正北与项目北之间的偏角数据时，可以通过输入角度数据来完成对正北的旋转。

但在有些情况下，我们并不确知角度，只能以现状地形数据中的参照物来确定项目北夹角（而其角度数据往往是无理数），本例中通过捕捉参照平面来实现旋转，是最通用的方法。

⑮ 拖动控制柄的步骤可以替换为以下操作：点击选项栏中的【地点】，再选择参照平面夹角交点，确定控制柄的位置。

⑯ 如果绘制参照平面时以项目基点为夹角原点，则可省去此步骤，直接完成旋转。但是在

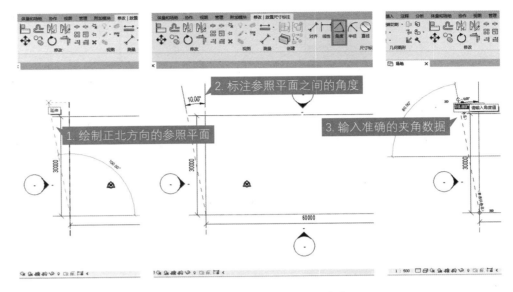

图 4.12 用参照平面确定偏角

4.8.5 [步骤] 令【属性】选项板|【方向】栏设置为"正北"。⑫

4.8.6 [步骤] 因为旋转正北以项目基点为基准，所以要先解锁：选中项目基点，点击【修改 | 参照平面】上下文功能区选项卡|【修改】面板|【解锁】工具。⑬

4.8.7 [步骤] 在【管理】选项卡|【项目位置】面板|【位置】下拉菜单中选择【旋转正北】工具，绘制区域中出现以项目基点位置为原点的角度设置工具。⑭

4.8.8 [步骤] 角度设置工具的夹角原点处有一个控制柄（蓝色圆圈），左键按住并拖动控制柄，将其放置在参照平面的夹角处；先捕捉并选中竖直向参照平面，再捕捉并选中带倾角的参照平面，完成旋转。此时在"正北"模式下显示，建筑主轴基于与正北方向成正确的偏角关系显示。⑮

4.8.9 [步骤] 由于在 [4.8.8] 中确认，旋转正北工具的控制柄被移位了，所以项目基点也随着项目的角度偏移被移位了；拖动项目基点标记，捕捉测量点令其复位。可以看到，整个项目都会追随项目基点移动，具体原理参见 [4.2.3] 条中的阐释。⑯

4.8.10 [步骤] 切换【属性】选项板|【方向】栏中的设置为"项目北"，令建筑主轴与绘制区域成正交关系显示。

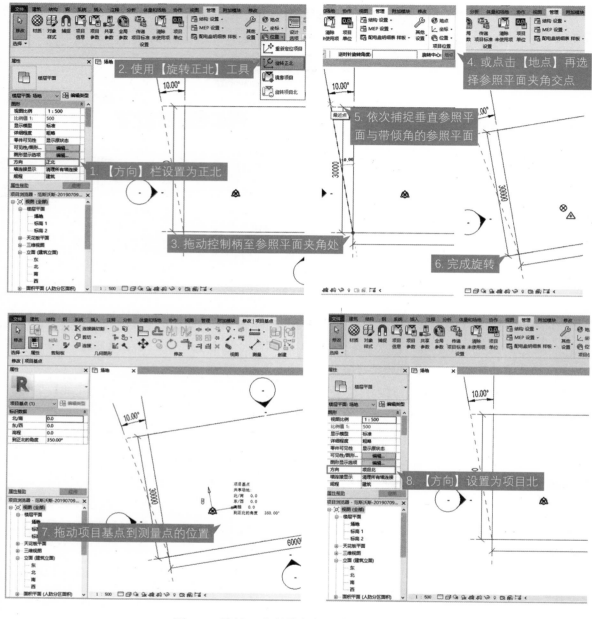

多数情况下，我们很难保证确定偏角的参照物与项目基点对齐，所以本例中的步骤，是更通用的做法。

图 4.13　旋转正北并恢复视图方向为项目北

⑰ 增加尺寸界线的方式

⑰ **增加尺寸界线的方式**

在已有的尺寸标注中增加尺寸界线，可以在选中尺寸标注的情况下，点击【编辑尺寸界线】，在模型中拾取要增加标注的线，点击空白处完成标注。

4.9 设置地形高程

4.9.1 [步骤] 进入场地视图，用 [4.3.1] 中讲解的方法在地形表面范围内放置两个东西向的参照平面，与地形表面的南边保持 10 m 间距，与地形表面北边保持 6 m 间距；同理，通过尺寸标注确保定位准确。⑰

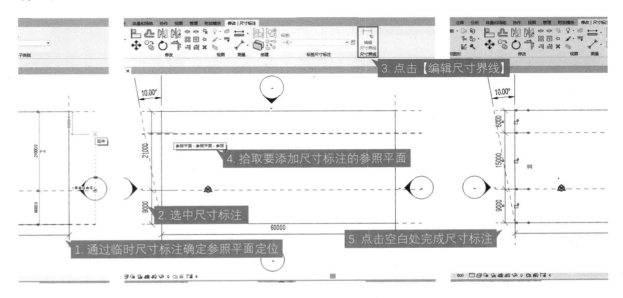

3. 点击【编辑尺寸界线】

4. 拾取要添加尺寸标注的参照平面

2. 选中尺寸标注

5. 点击空白处完成尺寸标注

1. 通过临时尺寸标注确定参照平面定位

图 4.14 增加参照平面

4.9.2 [步骤] 选中地形表面；点击【修改｜地形】上下文功能选项卡｜【表面】面板｜【编辑表面】工具，进入【修改｜编辑表面】上下文功能选项卡，在【工具】面板中点击【放置点】工具，此时绘图区域进入编辑界面，捕捉新加的参照平面与地形表面的交点，放置 4 个点；点击【√】完成编辑。加上原地形表面四角的四个点，现在地形上一共有 8 个点了。

4.9.3 [步骤] 选中地形表面；功能区进入【修改｜地形】上下文功能选项卡，点击【表面】面板中的【编辑表面】工具，进入编辑界面；选中北边的 4 个点，在功能区下沿的选项栏中出现【高程】信息栏，在信息栏中输入"-1250"；选中南边的 4 个点，在【高程】信息栏中输入"-660"；点击【√】完成编辑。

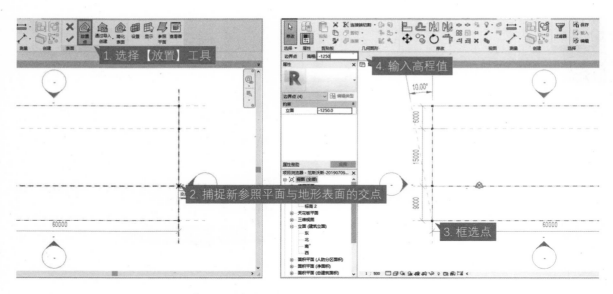

图 4.15　放置点与修改点的高程

4.9.4 从【项目浏览器】进入【立面（建筑立面）】视图，因为创建的地形成南高北低的地势，故进入"东"立面视图或"西"立面视图可以清晰地检视地形关系。

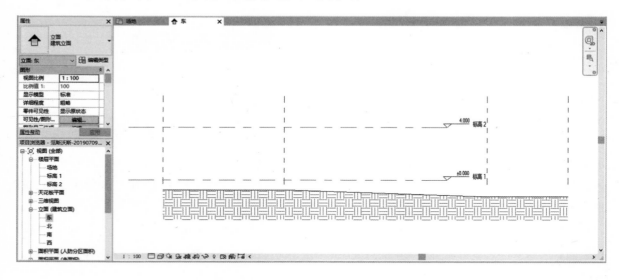

图 4.16　在立面图中检视地形关系

⑱ **关于多选**

　　选中所有参照平面，可以通过按住 Ctrl 依次点选参照平面实现多选，还可以通过从右往左框选视图中所有对象，从状态栏右下角点击【过滤器】工具，只勾选参照平面得到。关于【过滤器】工具，在后文 [8.3.1.3] 中还会详细说明。

4.10 通过子类别管理参照平面

4.10.1 通过子类别来管理图元，是 Revit 2017 以来的新功能，可以令图元管理更加清晰、有序；不过这并不是决定性的功能，使用 2016 或更早版本的读者可以暂时忽略此项内容。

4.10.2 [步骤] 选中所有参照平面，功能区生成【修改 | 参照平面】上下文功能选项卡，在【修改 | 参照平面】|【子类别】面板中有一个【子类别】信息栏，点击下拉菜单中的"< 创建新子类别 >"项，弹出【创建新子类别】对话框，在【名称】栏中输入子类别名称（如"地形定位"）；按【确定】完成命名。⑱

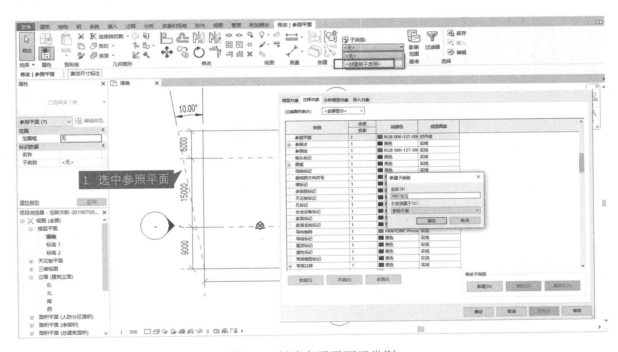

图 4.17　创建参照平面子类别

4.10.3 [步骤] 自动进入【对象样式】对话框 |【注释对象】选项卡，在对象列表中的"参照平面"树状展开目录中已经创建了"地形定位"项，在【线颜色】栏中设置参照平面在视图中的显示颜色，在【线型图案】中设置参照平面在视图中的线型显示（通常用"对齐线"）。

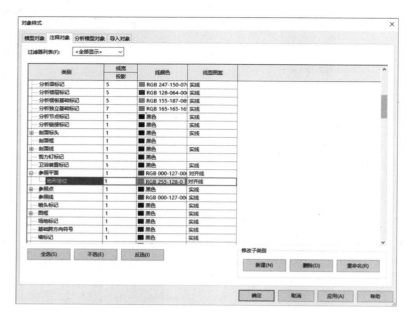

图 4.18　设置子类别的样式

⑲ **参照平面分类管理**

在形式比较复杂的设计中，会出于各种不同的目的创建大量的参照平面，当这些参照平面的密度很大时，反而会形成不必要的干扰。子类别功能有助于将这些参照平面分类管理，不需要时将整个子类隐藏，而需要时再让它们显示出来，是非常快捷和有用的技巧。

4.10.4 [步骤] 点击【视图】选项卡｜【图形】面板｜【可见性/图形】工具；进入【楼层平面：场地的可见性/图形替换】对话框；选择【注释类别】选项卡，在列表中的"参照平面"的树状展开目录中，取消对"地形定位"子类别的勾选；返回视图，则在"地形定位"子类别下的参照平面不再显示。如要显示，则重新勾选此项即可。⑲

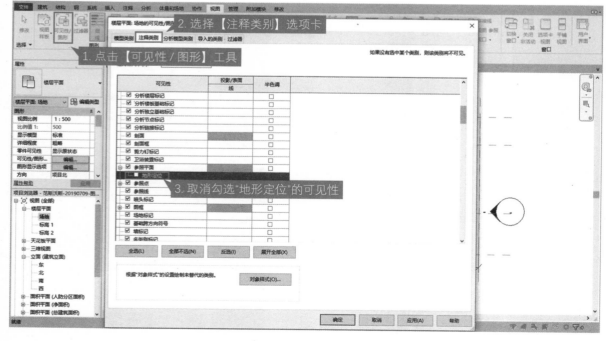

　　　　　　　　　　　　　　图 4.19　取消"地形定位"子类别的可见性

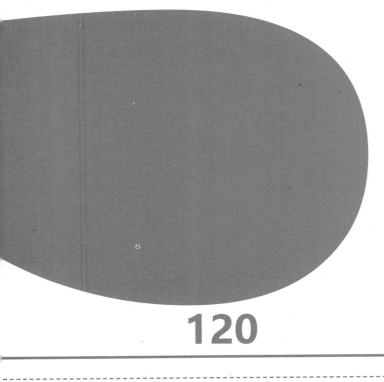

132

120

第五章
绘制标高

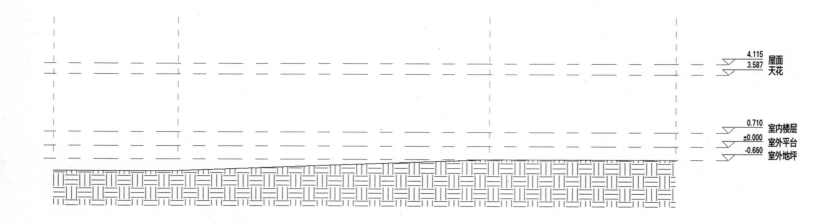

4.115	屋面
3.587	天花
0.710	室内楼层
±0.000	室外平台
-0.660	室外地坪

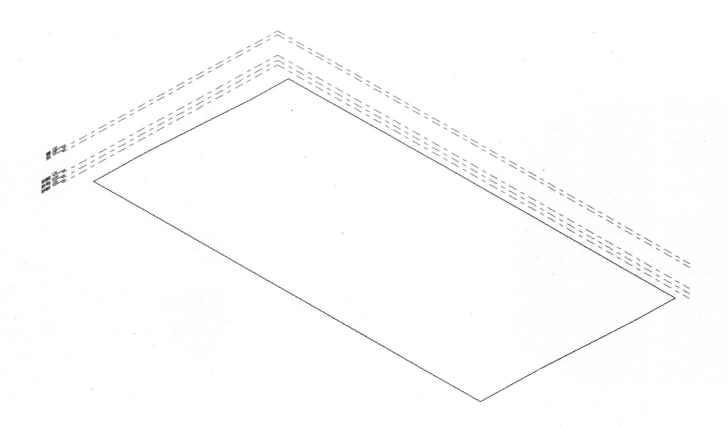

❶ [赏析] 关于场地地形

本例中，场地是依据实测图中的高程趋势粗略创建的。尽管并不准确，但场地上的误差丝毫不会干扰密斯设计的完成度，这是由"底层架空"的设计策略保障的。范斯沃斯住宅的建筑部分有两块不同高度的地面——分别是室外平台（对应"室外平台"标高）和建筑主体地面（对应"室内楼层"标高）。这两块地面板都是在柱上抬高的架空板，关系上同理于中国建筑中的"干栏"，这样的做法最大的优势在于可以做到"无视"地形的变化，保障建筑自身的精确。"底层架空"是追求建筑自明性的西方现代主义的共识性策略，不止在范斯沃斯住宅，在勒·柯布西耶的萨伏伊别墅里，以及诸如马歇尔·布劳耶的一系列预制混凝土建筑里，"底层架空"都广泛应用。

当然，在范斯沃斯住宅里，"底层架空"除了抵抗地形变化之外，还有抬高建筑以应对汛期水位的作用。范斯沃斯住宅坐落在美国伊利诺伊州的狐狸河附近，狐狸河汛期水位是很高的，尽管如此，仍然有水位较高时主体建筑地面被淹没的情况出现。

5.1　标高

5.1.1 [步骤] 进入高程关系比较清晰的"西"立面视图。

5.1.2 视图中有两个默认的标高："标高 1"是 ±0.000，"标高 2"是 4.000。在标高高度上呈现为有限的虚线段，虚线段有标高符号及标高数据。

5.1.3 根据范斯沃斯住宅的设计数据，我们一共需要创建 5 个标高：

5.1.3.1 室外地坪标高：-0.660（上一步创建的地形表面的高点高程）；

5.1.3.2 室外平台标高：±0.000（可直接保留系统默认的标高）；

5.1.3.3 室内楼层标高：0.710（建筑室内地面完成面标高）；

5.1.3.4 天花标高：3.587（室内吊顶标高）；

5.1.3.5 屋面标高：4.115（屋面顶面完成面标高）。

5.2　创建标高

5.2.1 [步骤]【建筑】选项卡 |【基准】面板 |【标高】工具，像绘制参照平面一样，在立面视图的绘图区域通过左键单击起、止点来绘制一条标高线。❶

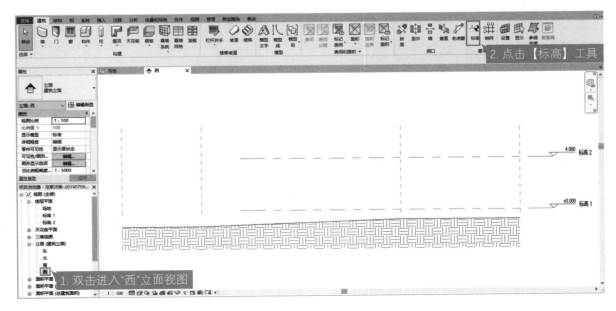

图 5.1　西立面视图与【标高】工具

5.2.2 在绘制过程中，可参考与原有标高线临时尺寸标注来大致定位（如绘制地坪标高，则比 ±0.000 标高略低），但不必追求一次放置精准，因为最终会通过输入标高数据来精确定位标高。

5.2.3 [步骤] 放置标高后会在虚线轨迹右侧自动生成标高数据，点击进入标高信息栏，输入目标标高 "-660"，示意标高的虚线自动根据输入的标高数据精确定位，标高信息栏中显示 "-660"。

5.2.4 新创建的标高会自动获得一个带序号的名称，如 "标高 3"，并同时在【项目浏览器】|【视图】|【楼层平面】中生成一个与标高同名的平面视图 "标高 3"。

5.2.5 [步骤] 选中 "标高 3"，点击进入标高符号右侧的标高名称信息栏，键入标高名称，如 "室外地坪"。

5.2.6 标高名称、标高数据等信息，也可以选中标高后在【属性】选项板的实例属性中设置。标高数据在【属性】|【约束】|【立面】信息栏中设置；标高名称在【属性】|【标识数据】|【名称】信息栏中设置。

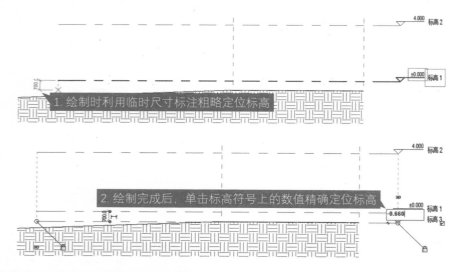

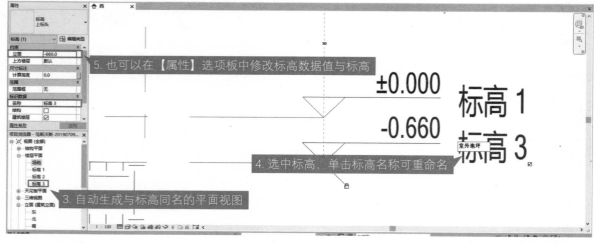

图 5.2　绘制室外地坪标高

5.3 三维视图

5.3.1 [步骤] 点击屏幕上方快速访问工具栏中的【默认三维视图】工具 ⬡，进入一个轴测视图。

5.3.2 在该视图中，可快速检视模型的三维关系，在今后的建模过程中，我们都会不断地进入三维视图来检视建模成果。默认的三维视图是"{ 三维 }"视图，在后续的步骤中，我们还将创建其他三维视图，便于检视不同的建模成果。

5.3.3 注意：除了此前创建的地形表面之外，我们还能在三维视图中看到目前已有的系列标高，其标高符号和名称也是成三维轴测关系显示的。将鼠标箭头悬停在标高虚线上，则该标高呈现为被激活的蓝色——我们能看到，被激活的是一个矩形的水平平面，这非常重要！

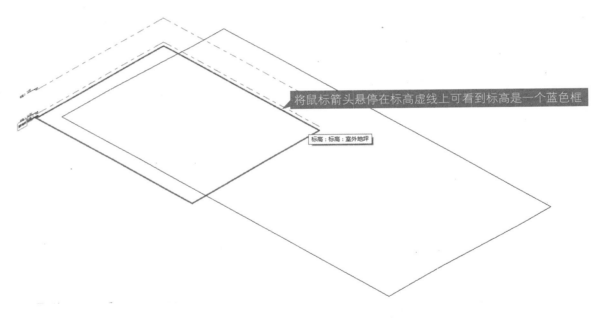

图 5.3 "{ 三维 }"视图中的标高

5.4 [原理] 关于 Revit 中的标高

5.4.1 标高是有限水平平面，用做屋顶、楼板和天花板等以标高为主体的图元的参照。

5.4.2 与传统制图中将标高绘制成一条水平线不同，Revit 中的标高是一个平面，这一点与前面讲解的参照平面很像。其实标高作为水平平面比作为水平线更符合建筑学原理——建筑中的所谓标高，标识的就是处于某一高度上的面。

5.4.3 更重要的是：从操作的角度出发，作为平面图元的标高，除了标记高程数据外，还可以与许多建筑构件或图元的高度数据相关联。这为建筑设计数据的控制和管理提供了非常好的便利和系统性，但同时，也对设计思维的清晰度和系统性提出了更高的要求。

5.4.4 标高平面是有限的，即它是有确定的范围而非在建模空间中无限延展。这是必要的：因为在一个模型空间中存在不止一套标高系统（最常见的情况是一块场地上存在多栋建筑时）时，限定标高平面的有效范围就可以避免不同系统的标高相互干扰的情况。

5.5 调整标高范围

5.5.1 如 [5.4.4] 中讲解的，除了为标高设置高度数据和命名外，我们还需要确定标高平面的范围。

5.5.2 [步骤] 进入"西"立面视图；选中要调整标高面（显示为长短相间的虚线轨迹），在虚线两端出现圆圈形"○"的控制柄，用鼠标拖曳控制柄可调整标高平面在该视图所见方向上的范围，令标高平面完整覆盖场地范围；进入"南"立面视图，执行相同的操作。（只要在两个相互垂直方向上的立面视图中完成调整，就可以最终确定标高平面的范围了）。

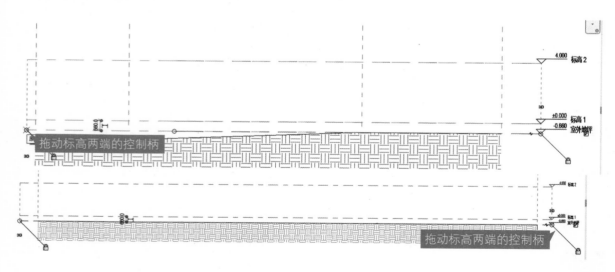

图 5.4 在"西"立面视图（上）、"南"立面视图（下）调整标高范围

⑳ 注意：不能以默认的 ±0.000 标高来复制新的标高，因为这样复制得到的新标高，无论标高数据是多少，在标高值前都会有"±"符号。

也可以在复制时直接用键盘键入偏移值，如本例从 -0.660 复制到 0.710 标高处，键入 1370。（注意：标高单位是 m，键入值单位是 mm）

5.6 复制一个标高

5.6.1 [步骤] 选中"室外地坪"标高，通过【修改 | 标高】上下文选项卡 |【修改】面板 |【复制】工具复制此标高，将复制的标高放在 ±0.000 以上的位置；在标高数据信息栏输入设计标高"0.710"以精确放置标高平面。⑳

5.6.1.1 也可以在复制时直接用键盘键入偏移值，如本例从 -0.660 复制到 0.710 标高处，键入 1370。（注意：标高数据的单位是 m，但键入值的单位是 mm）

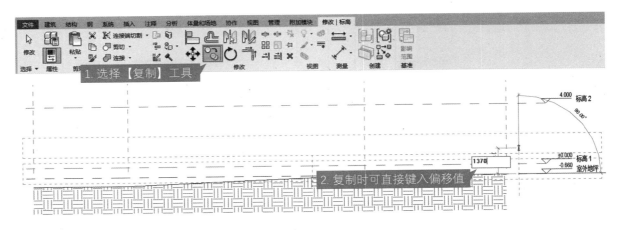

图 5.5 复制室外地坪标高

5.6.2 [步骤] 按照 [5.2.5] 中的要点修改标高名称为"室外楼层"。

5.6.3 [步骤] 重复 [5.6.1] 与 [5.6.2] 的操作，创建"屋面"标高。（具体数据参考 [5.1.3]）

5.6.4 [步骤] 修改默认的"标高 2"中的数据，将标高数据设置为"3.587"，将标高名称改成"天花"。

5.6.5 [步骤] 修改默认的"标高 1"中的数据，将标高名称改成"室外平台"。

5.6.6 这样，我们就完成了 [5.1.3] 中全部五个关键性设计标高的创建和设置。

5.6.7 注意，通过复制得到的标高（[5.6] 的方式）与通过新建创建的标高（[5.2] 的方式）有一个很重要的差别：新建的标高会在【项目浏览器】|【视图】|【楼层平面】中自动生成一个与标高同名的平面视图；而通过复制得到的标高不会自动生成视图。

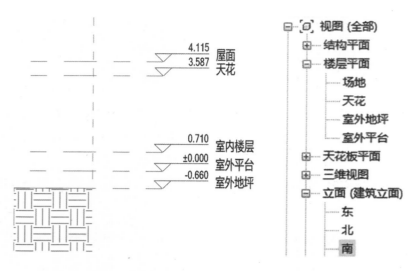

图 5.6 左：关键性设计标高的创建；右：相应视图自动重命名

5.7 创建平面视图

5.7.1 为了解决 [5.6.7] 中复制标高无法生成视图的问题，我们可以专门依据已有标高自行创建相关视图。

5.7.2 [步骤] 通过【视图】选项卡｜【创建】面板｜【平面视图】工具的下拉菜单中选择【楼层平面】，打开【新建楼层平面】选项板；勾选下部的【不复制现有视图】选框，在【为新建的视图选择一个或多个标高】选单栏中，会显示尚未创建相应视图的标高名；选中这些标高名并按【确定】，就完成了对这些标高相应视图的创建。可以在【项目浏览器】中检视创建的结果。㉑

㉑ **为标高创建相应的视图**

　　其实在真实项目里，通常不需要为所有标高创建视图，本例中为了讲解视图的创建，带领读者做了这样的尝试。在真实设计过程中，可以根据需要通过 [5.7.2] 的操作来创建视图。

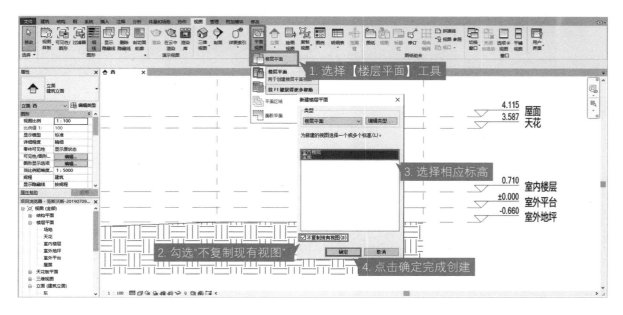

图 5.7　根据已有标高创建平面视图

5.7.3 [步骤] 在立面视图中选中"天花"标高，按 [5.2.5] 的方法修改名称为"天花标高"，此时弹出【确认标高重命名】对话框，询问"是否希望重命名相应视图"，选择【是】完成修改。

　　5.7.3.1 这时检视【项目浏览器】|【视图】|【楼层平面】中，原"天花"视图已同步修改为"天花标高"视图。

　　5.7.3.2 如果选择【否】，则视图名称不与标高名称同步修改。

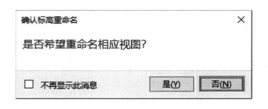

图 5.8　【确认标高重命名】对话框

132

120

第六章

绘制轴线

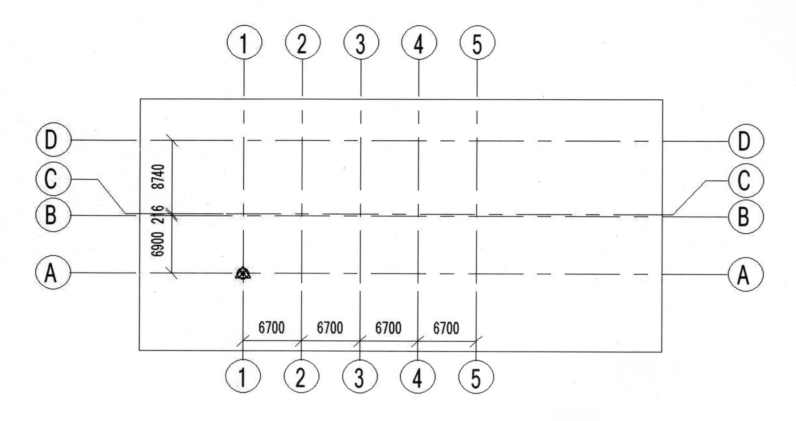

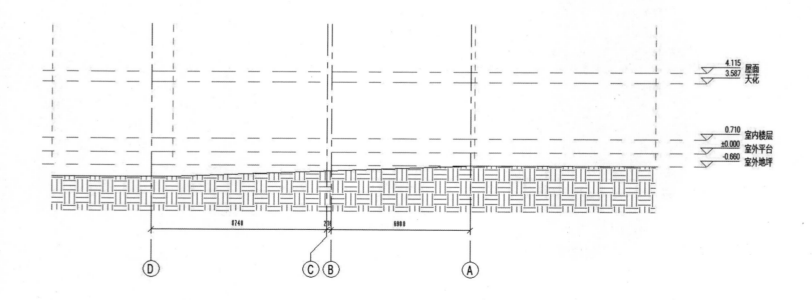

㉒ **关于标高和轴线**

通常在设计推敲的过程中，我们不会事先确定标高和轴线。但在本册的教学目标中，我们意在让读者对 Revit 的方法和特点形成宏观、初步的认识，所以我们在本例中先创建标高和轴线，以此演示它们在 Revit 平台中的一些独特的功能特质——这些重要的图元不止是在图面上绘制的符号和标注，同时也是控制和驱动建筑构件布局定位和相关尺寸的重要手段，在模型操作和管理中，有着非常强大的功能性和系统性。

6.1 [原理] 关于 Revit 中的轴线

6.1.1 与参照平面和标高平面的特点一样：轴线是有限的面。就如标高平面永远是水平向的，轴线平面永远是竖直向的。但这并不影响轴线在图面上作为"线"的表达，它在所有视图和图纸中都呈现为它所在平面的轨迹线。

6.1.2 轴线作为有限面，同样也有利于支持在同一模型空间中并存多套不同的轴网体系。在平面视图中限定轴线面的范围，可以控制轴线显示的长短；而在竖向上（立面视图中）控制面的高度范围，则可以控制轴线是否显示——在对应标高的平面视图中，仅显示与该层平面标高相交的轴网。

6.1.2.1 这是为什么我们通常在绘制完标高后再绘制轴线，因为这样我们才能根据标高平面的所在范围，根据项目需要来调整轴线面的有效范围。

6.1.3 与标高平面和参照平面不同的是：轴线不必是直线，也可以是圆弧或多段线，也即其相对应的面可以是曲面或折面。

6.2 轴网布置

6.2.1 综合范斯沃斯住宅的相关资料，并在完成了从英制到公制的单位换算后，本例中，我们拟创建的轴网布置如图所示。㉒ ❷

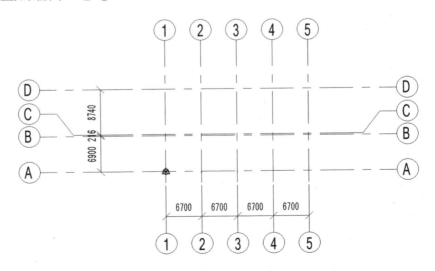

图 6.1 拟创建的轴网布置

❷ [赏析] 在美国国会图书馆（https://www.loc.gov/item/il0323/）公示的实测图数据中，轴网尺寸如下图所示，严谨的现状实测并不矫正施工微差及建筑变形等因素所带来的尺寸偏移。但在本例中，我们除了通过名作来学习 Revit 操作之外，还希望借这次难得的"临摹"机会来对名作进行一些浅尝辄止的赏析。无论出于密斯对精确性的追求，还是综合密斯建筑师生涯中其他名作的呈现，我们都可以推测：在密斯的设计意图中，建筑主立面的开间是等距的。

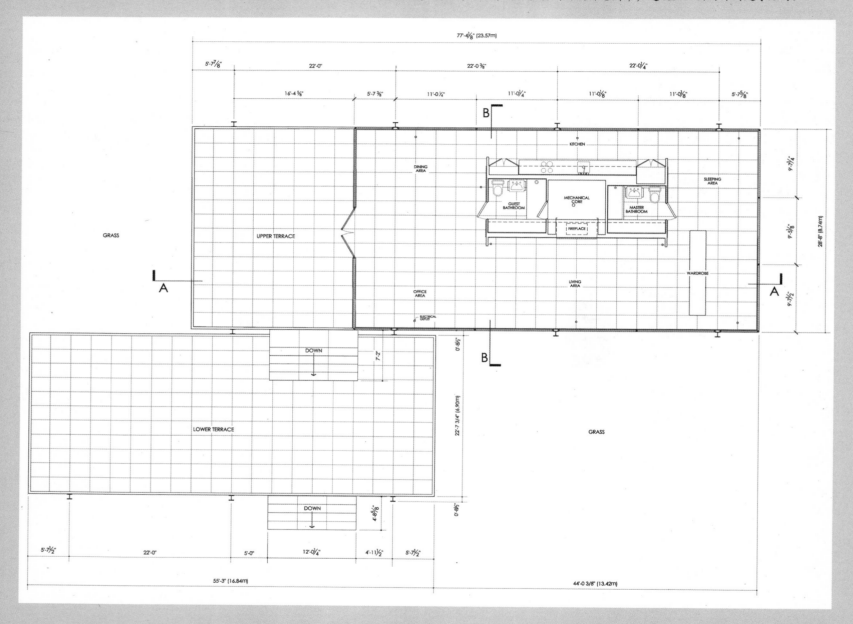

图 6.2 美国国会图书馆公示的范斯沃斯实测平面图

图片源自：美国国会图书馆 https://www.loc.gov/item/il0323

㉓ **关于轴线的类型：**

"6.5mm 编号"与"6.5mm 编号间隙"的区别在于轴线中间段是否显示轴网线：

下图中

轴①为"6.5mm 编号间隙"

轴②为"6.5mm 编号"

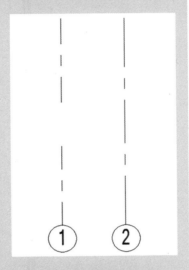

对应到类型属性的设置："6.5mm 编号"的"轴线中段"项为"连续"；而"6.5mm 编号间隙"的"轴线中段"项为"无"。

6.3 绘制轴网

6.3.1 [步骤] 创建轴线：进入"场地"视图；用【建筑】选项卡｜【基准】面板｜【轴网】工具，以项目基点为轴网的左下角起点，捕捉项目基点为起点，绘制纵向和横向轴线各一条。

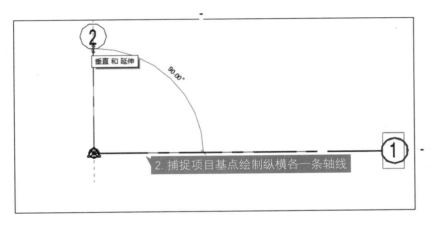

图 6.3 创建轴线

6.4 设置轴线

6.4.1 [步骤] 选中轴线；在【属性】选项板｜【轴网】下拉菜单中选择"6.5mm 编号"。㉓

6.4.2 [步骤] 选中轴线；点击【属性】选项板｜【编辑类型】按钮，进入【类型属性】面板。

6.4.2.1 [步骤] 在"平面视图轴号端点 1（默认）"和"平面视图轴号端点 2（默认）"选框勾选"√"——则令平面视图中轴线两端都显示轴号。

6.4.2.2 [步骤] 在"非平面视图符号（默认）"下拉菜单选择"底"——则剖、立面视图中的轴线的轴号位置，只显示在下端。

6.4.3 [步骤] 选中轴线；在【属性】选项板｜【标识数据】｜【名称】信息栏中键入轴线编号，纵向轴线键入"1"，横向轴线键入"A"。

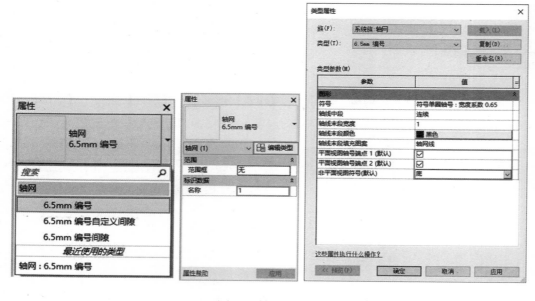

图 6.4 轴线设置

㉔ 关于【复制】工具的选项栏

　　勾选【约束】，则在执行【复制】命令时，被选中的图元仅能在竖直或水平的某个单一方向下复制，即便通过捕捉参照物来定位，也只会获得参照点在既定方向下的分量，而不会被复制到捕捉点；勾选【多个】，则选中的图元在完成一次复制后不会自动退出【复制】工具，从而能根据需要连续完成复制动作，按 Esc 键退出复制。

6.5　通过复制轴线创建整套轴网

6.5.1 [步骤] 选中轴线；功能区进入【修改 | 轴网】上下文功能选项卡，点选【复制】工具；此时选项栏里出现复制选项栏，勾选【约束】和【多个】。㉔

6.5.2 [步骤] 连续复制一个方向上的多条轴线：左键单击确定起始参照点（由于用于确定复制轴线与原轴线的间距，所以原则上起始点可以是任意点）；输入间距值（mm 为单位）来确定复制轴线的偏移位置（间距如图 6.1 所标示），完成一次复制。

　　6.5.2.1 如果在复制过程中对准确间距并不确定，则可以通过再次单击来限定复制轴线与原轴线的偏移距离（偏移距离即两次单击之间的间距）。

　　6.5.2.2 完成复制后，仍可通过修改轴线间的临时尺寸标注来调整间距。

6.5.3 [步骤] 由于在复制前勾选了【多个】项，故在复制一条轴线后，可继续输入下一条轴线的偏移值，依此类推，完成一个方向上的多条轴线的连续复制。

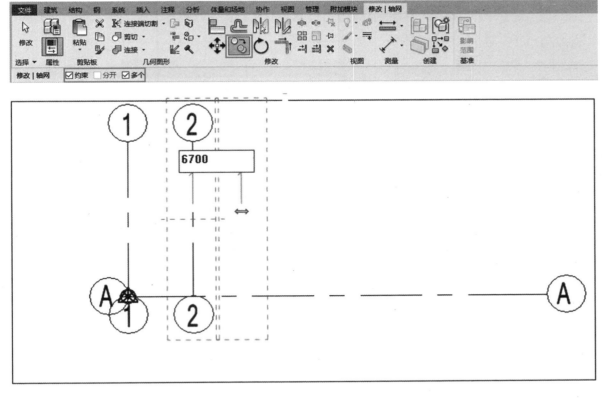

图 6.5 复制轴线

6.5.4 [步骤] 以此方法完成两个方向上全部轴线的创建。

6.5.5 [步骤] 依照 [6.4.3] 的方法，根据设计需要编辑所有轴线的编号。

6.6 为间距过近的轴线添加弯头

6.6.1 轴网创建完成，会发现因为设计的特殊性，"B""C"两条轴线之间的间距过近，以至于轴号都交叠在一起了，这种情况下需要为轴线添加弯头。

6.6.2 [步骤] 选中要添加弯头的轴线；在轴线接近轴号处会出现一个"┿"符号，鼠标箭头悬停时系统提示"添加弯头"，单击此符号，轴线会自动添加弯头，并令两条轴线的轴号脱开必要的距离。

6.6.3 [步骤] 弯头弯折处有圆圈形"○"控制柄，拖曳此控制柄可进一步调节弯折后轴号的位置。

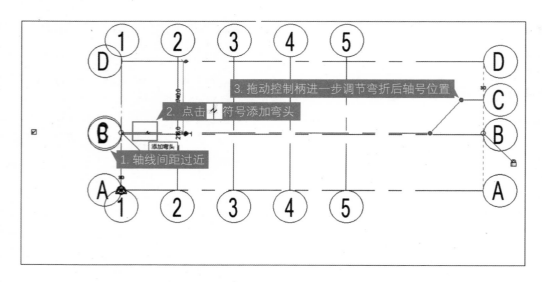

图 6.6　为间距过近的轴线添加弯头

6.7　调整轴线范围

6.7.1 如 [6.1] 中讨论的，轴线是有限平面，需要确定其有效范围。

6.7.2 [步骤] 进入"场地"视图；选中要调整的轴线；在轴线的两端（不计弯头）会出现圆圈形控制柄，拖曳控制柄调整轴线在视图中的长度。

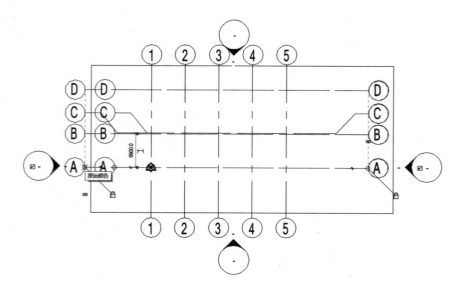

图 6.7　拖动圆形控制柄调整轴线范围

㉕ 根据我们在实践中的经验，多数同类视图对轴线的显示要求都是相近的，建议读者在建模阶段中，在"3D"状态下处略调整轴线范围，遇到特殊情况，或在到了出图阶段，再酌情进入"2D"状态做精细调整。本册中我们不涉及出图，关于出图的内容将在更高阶的分册中讲解。

6.7.3 选中轴线后，在轴号旁边会显示"3D"字样：

6.7.3.1 在"3D"状态下调整轴线范围，该范围会在所有视图内同步。

6.7.3.2 点击"3D"标记，会自动切换成"2D"，此时调整的轴线范围，只在当前视图内有效，不会在其他视图中同步。

6.7.3.3 在实践操作中，可根据项目需要来选择模式。㉕

6.7.4 [步骤] 进入"立面"视图，调整轴线、轴号在立面中的布置，要点同 [6.7.2]。

6.8　锁定轴线

6.8.1 [步骤] 由于轴网定位是前提性的建筑定位条件，所以在确认轴网设置无误后，应选中轴线，点击【锁定】工具 🔒 来锁定轴线位置，以避免在其他操作中不慎移动或删除。

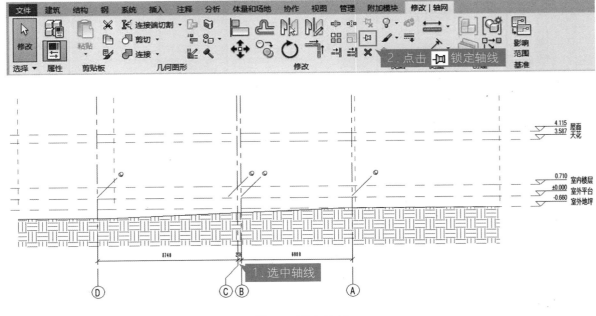

图 6.8　锁定轴线

第七章

创建柱

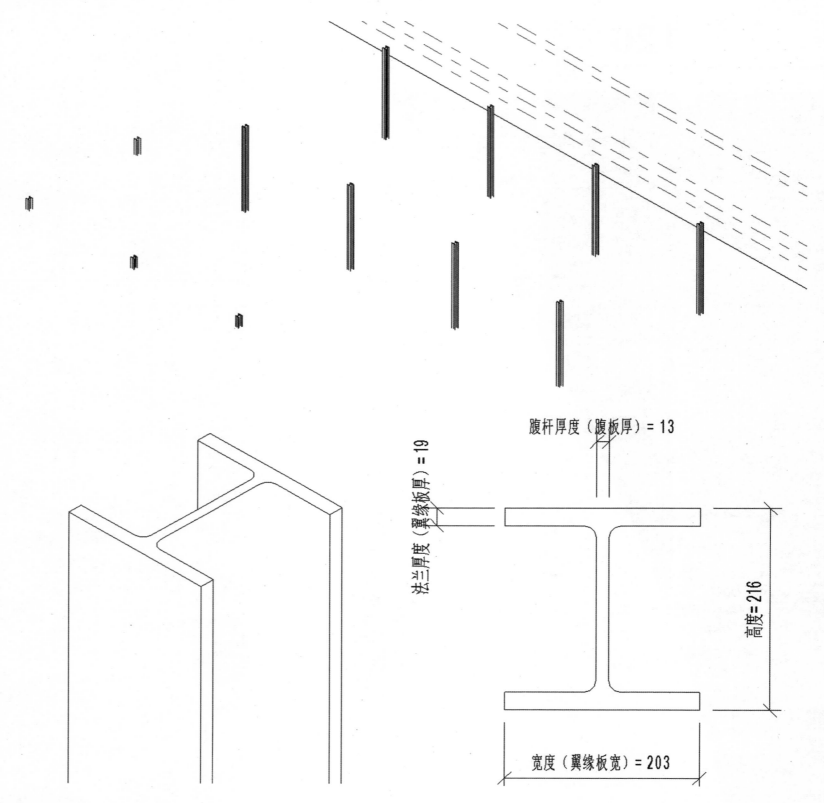

法兰厚度（翼缘板厚）= 19

腹杆厚度（腹板厚）= 13

高度 = 216

宽度（翼缘板宽）= 203

㉖ 进入【载入族】对话框时，有时候默认进入的路径目录是"Libraries\Generic"，这是个空文件夹，向上进入上一级目录，就可以看到"China"文件夹了。

㉗ 很多时候，我们习惯把宽翼缘板和窄翼缘板的型钢规格都称作"工字钢"，但诸如范斯沃斯住宅的柱子规格的宽翼缘板型钢应该称作"H 型钢"，而我们习惯称作"工字钢"的规格在欧美称作"I 型钢"。

㉘ 因为在后面的步骤中还要基于选定的族类型进行编辑设置，并生成新的类型，所以在这里具体选择哪个族类型并不重要，只要参数类型匹配就可以了，这一步不必完全依照教材选定。在常规设计中，对型钢的选型通常是标准的，往往可以在族类型列表中找到匹配的规格直接应用。

7.1 载入 H 型钢族

7.1.1 [步骤] 在功能区内点击【插入】选项卡｜【从库中载入】面板｜【载入族】工具，弹出【载入族】对话框。

7.1.2 [步骤] 连通过路径："Libraries\China\ 结构 \ 柱 \ 钢"进入"钢"文件夹中检视族列表。㉖

7.1.3 [步骤] 根据设计需要，选择"热轧 H 型钢柱"；按【打开】，弹出【指定类型】菜单。㉗

7.1.4 [步骤]【指定类型】菜单中详细罗列了"热轧 H 型钢柱"在不同规格下的技术指标，如果找不到与设计规格完全相同的，可以选择一款相对接近的，在后面的操作里，可以通过进一步设置参数来获得准确的规格。参考范斯沃斯住宅的柱尺寸，可先选择"HW200×204×12×12"规格的型钢族载入）；按【确定】完成载入。㉘

1. 点击【载入族】工具

2. 通过路径："Libraries\China\ 结构 \ 柱 \ 钢"进入"钢"文件夹中

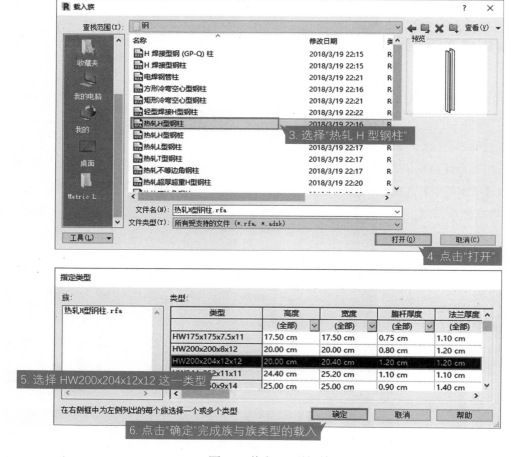

㉙在【建筑】选项卡｜【构建】面板中也有【柱】工具，这两种工具创建的柱非常不同，所以千万不能混淆。

图 7.1 载入 H 型钢族

7.2 设置钢柱族参数

7.2.1 [步骤] 进入"室内楼层"视图；在功能区选择【结构】选项卡｜【结构】面板｜【柱】工具；绘制区域中的鼠标箭头变成支持绘制的十字形标靶，但在放置柱之前要先完成参数设置。㉙

图 7.2 【结构】选项卡中的【柱】工具

㉚实测资料中提供的 H 型钢规格并不是实测值,而是标准的美国型钢规格,本例中因为要用中国读者比较熟悉的公制来控制模型,所以对单位进行了转换。鉴于密斯设计中对构造交接的细致处理,所以没有对规格尺寸进行取整约简,以尽可能还原原作的细节特征。

㉛ **关于族类型的重命名**

Revit 系统对命名格式没有硬性要求,但是鉴于在一个设计项目中往往会应用大量的不同的族,将族类型的控制性参数作为命名格式写在名称中,有助于快速识别和选取。所以我们强烈建议读者们在自定义命名的时候沿用原有的命名格式。

7.2.2 [步骤] 在【属性】选项板的类型选择器下拉菜单中选择刚刚加载的“热轧 H 型钢柱 HW200×204×12×12”;点击【属性】选项板中的【编辑类型】按钮,进入【类型属性】对话框。

7.2.2.1 [步骤] 点击【复制(D)】按钮,复制一个族类型以调整规格参数,弹出【名称】对话框,在【名称】信息栏中键入新类型的名称(也可先确认默认名,在设置参数完成后再通过【重命名】来最终修改名称);按【确定】完成复制并回到【类型属性】对话框。

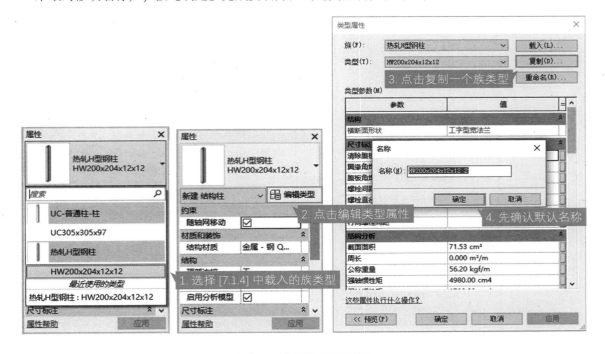

图 7.3 编辑族类型属性

7.2.2.2 [步骤] 对新复制的族类型设置参数:在【类型属性】对话框 |【类型参数(M)】菜单 |【结构剖面几何图形】中设置 H 型钢的详细参数。

7.2.2.3 [步骤] 建议具体参数设置为如图 7.4 所示。㉚

7.2.2.4 [步骤] 点击【重命名】按钮,根据最终确定的型钢参数以及原命名结构(HW +高 × 翼缘板宽 × 腹板厚 × 翼缘板厚)来重命名该族类型:“HW216×203×13×19”。㉛

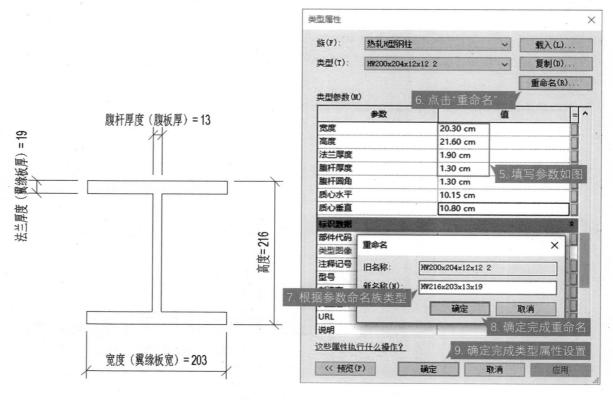

图 7.4　H 型钢柱详细参数设置

㉜ 前文中，已对"场地"视图进行了参照平面可见性设置（[4.10.4]）、轴线弯头设置（[6.6]）与轴线范围调整（[6.7]）。在后续提及的视图中，读者可以根据需要，自主进行这类设置。

7.3　在放置柱子之前设置视图

7.3.1 [步骤] 从【项目浏览器】进入"室内楼层"视图。

后面多数建模操作都会在"室内楼层"视图中完成。㉜

7.3.2 [步骤] 在【属性】选项板中该视图的实例属性里，点击【范围】面板 | 【视图范围】的【编辑】按钮；弹出【视图范围】对话框。

 7.3.2.1 [步骤] 在【主要范围】面板 | 【底部】下拉菜单里选择"室外地坪"；在【偏移】信息栏中输入："-500"。

 7.3.2.2 [步骤] 在【视图深度】面板 | 【标高】下拉菜单里选择"室外地坪"；在【偏移】信息栏中输入："-500"。

 7.3.2.3 [步骤] 按【确定】完成设置。

㉝ **关于视图深度**

当视图深度与底部剪裁平面重合时，就意味着没有那个"附加调整范围"，则所有图元都会严格根据"主要范围"中的参数设定来显示，而没有楼板、楼梯等元素在附加调整范围内的显示特例。

因为"视图深度"是一个附加范围，所以它所设定的标高参数，其标高高度不能高于"底部"中设置的标高，只能等于或大于此标高。如果设置的标高高于"底部"标高，系统会自动提示错误。

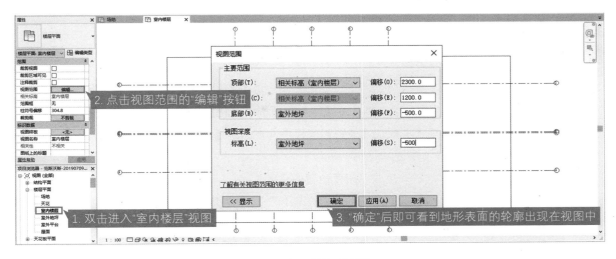

图 7.5 视图范围设置

7.4 [原理] 视图范围及其参数

7.4.1 视图范围：是控制对象在视图中的可见性外观的水平平面集；每个平面图都具有视图范围属性，该属性也称为"可见范围"。视图范围由主要范围的"顶部""剖切面""底部"和视图深度的"标高"四组参数来控制。

7.4.2（主要范围）剖切面：是平面图中剖切面的高度，是一个平面；在视图或图纸中，剖切面高度上的建筑实体元素都会被剖切，显示为剖切线。

7.4.3（主要范围）底部：是可视范围底部的剪裁平面；在视图中，低于剖切面且高于底部剪裁平面范围内的图元不会被剖切，但可以被看到，显示为看线。

7.4.4（主要范围）顶部：是可视范围顶部的剪裁平面；在视图中，高于剖切面且低于顶部剪裁平面范围内的图元，既不会被剖切，也不会被看到，但是在这个范围内的橱柜、高窗等影响空间的重要图元，会显示为虚线。

7.4.5（视图深度）标高：是超出可视范围底部剪裁平面之外的一个附加调整范围；原则上，低于底部剪裁平面的范围是不可见的，但在底部剪裁平面以下，而又在视图深度标高以上的范围内的楼板、结构楼板、楼梯和坡道，仍是可见的。默认情况下，视图深度与底剪裁平面重合。㉝

7.4.6 对这四个参数的设置，最终都是要确定一个标高值，这个标高值是由一个"相关标高平面"和一个"偏移"值共同确定的。设置的标高值是在下拉菜单中选择的"相关标高平面"的所在标高加上"偏移"值最终所得到的标高。

7.5 放置室外平台的结构柱

7.5.1 [步骤] 点选功能区的【结构】选项卡｜【结构】面板｜【柱】工具；此时功能区进入【修改｜放置 结构柱】上下文功能选项卡；确认【放置】面板中选定的是【垂直柱】工具。

7.5.2 [步骤] 在【属性】选项板的类型选择器下拉菜单中选择在 [7.2.2] 中设置好的族类型："HW216×203×13×19"。这一步决定了所要放置的柱。

7.5.3 [步骤] 在选项栏的两个下拉菜单中分别选择"深度"和"室外地坪"。

7.5.4 [原理] 指选择"深度"或"高度"：创建柱的"柱高"，都是从当前视图的标高（参照 [5.7]，每个平面视图都是基于某一标高平面定义的）算起；选择"深度"即从当前视图标高向下到某一标高平面的高度，相应的，选择"高度"则是从当前视图标高向上到某一标高平面的高度。

选择"室外地坪"：即选择一个标高平面，柱高从当前视图标高计算至所选择的标高平面（即所谓的"某一标高平面"）。㉞

7.5.5 [步骤] 捕捉轴线交点，在"A-1""A-2""A-3"三个交点定位处放置 3 根平台结构柱。

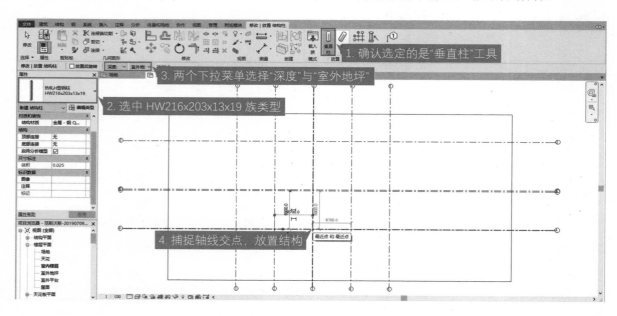

图 7.6 放置室外平台结构柱

㉞范斯沃斯住宅的室外平台的柱子总体比较矮，其柱顶与柱底都在当前视图标高（即"室内楼面"）以下，所以选择"深度"，即向下计算。同时，出于方便考虑，我们并没有切换至"室外平台"视图进行操作，因为"放置"设置只是粗略控制柱的竖向尺度和定位，之后在精确约束柱的标高定位时，会最终得到准确的尺寸和定位。

7.6 视图显示设置

7.6.1 在视图中放大柱子的显示，会发现线条很粗，而且 H 型钢是单线显示，需要更精细的显示才能更准确地调整柱的定位。

7.6.2 [步骤] 在快速访问工具栏中点击【细线】工具，切换至细线 图 显示。

7.6.3 [步骤] 在视图控制栏中有一个【详细程度】菜单，其中有"粗略 □""中等 ▦"和"精细 ▦"三个选项，默认的单线显示是"粗略"设置，选择"中等"；在视图中检视 H 型钢柱的显示，已经根据界面形状显示为双线框。㉟

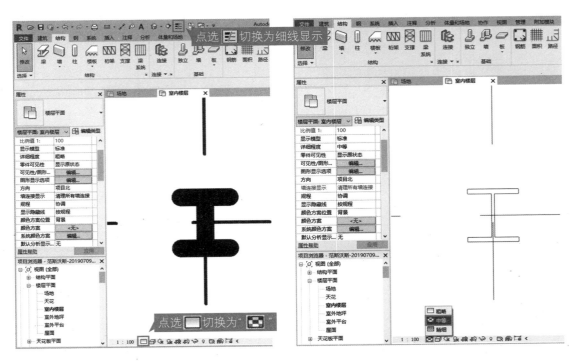

图 7.7 切换细线显示并设置详细程度为"中等"

㉟ **详细程度的控制**

　　视图中对详细程度的控制与族参数的控制相关，分为三种显示精度："粗略""中等""详细"。在制作族时，会预设族的二维及三维要素在这三种详细程度下如何显示，以对应不同比例下的视图显示精度要求。

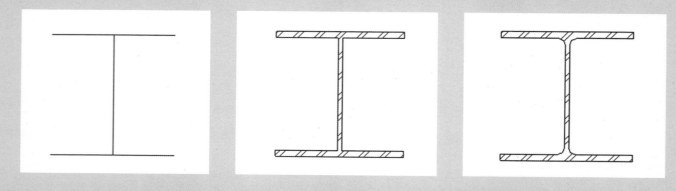

图 7.8 详细程度为"粗略" "中等" "详细"

　　编辑族界面，选中族构件，可打开查看族构件的"可见性设置"。

　　另外，"粗略"显示在墙体族的类型参数里有一个特殊的用法：可以单独控制粗略比例下的剖面的显示方式，多用于墙体创建视图，控制不同类型的墙体剖面填色，方便区分墙类型。

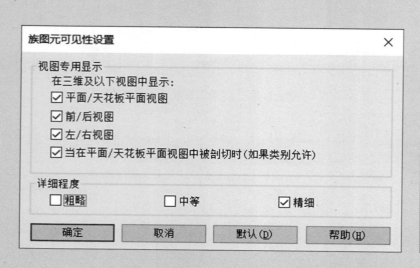

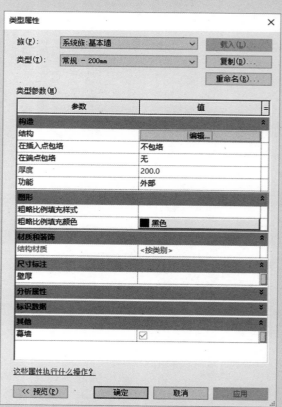

图 7.9 左：族构件的"可见性设置" 右：墙体剖面填色设置

❸ [赏析] 密斯作品里的梁柱

在单层钢结构建筑中，更常见的做法是把梁架在柱顶上——就像密斯在德国柏林国家美术馆新馆里做的。而在范斯沃斯住宅中，密斯无意表现梁-柱关系，而是希望在立面上呈现四根完整的 H 型钢柱子。

这样的表达不只来自审美趣味，也跟材料特征以及建筑原型有关。密斯平生常用两种柱的形式——"十字柱"和"工字柱"。前者从正面和侧面看都是一样的，有很强的几何不变性；后者的正面和侧面则非常不同，有着明确的正面性。从建筑原型上讲，十字柱是多立克式的，而工字柱则是爱奥尼式的。范斯沃斯住宅以及诸如伊利诺伊工学院的克朗楼的 H 型钢柱，就都是出于正面性的原因，将建筑体量"贴"在柱列"背面"，令柱子看起来不是撑着屋顶，而是贴附在建筑外皮的壁柱。而巴塞罗那世博会的德国馆以及柏林的新馆中的十字柱，就都以独立柱的形式存在，与屋顶明确的交接，并与建筑外皮脱开。

7.7　微调柱在平面的对齐关系

7.7.1 捕捉放置的位置，默认为 H 型钢柱截面中心与轴线交点对齐；而在密斯的设计中，柱与梁不是对位支承关系，而是通过将 C 型槽钢梁腹板焊在 H 型钢翼缘板上完成交接的，所以令梁、柱分居于轴线两侧，更方便为建筑形体定位。❸

7.7.2 [步骤] 框选选中三根柱；点击【修改 | 结构柱】上下文功能选项卡 | 【修改】面板 | 【移动】工具；捕捉并单击 H 型钢柱翼缘板上沿中点作为对齐点；捕捉并单击轴线交点作为对齐目标；完成。

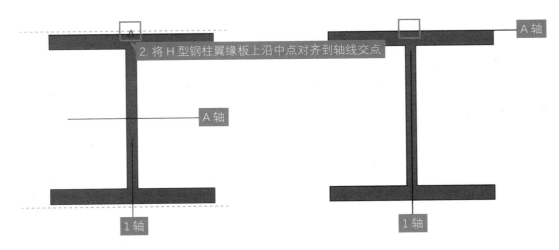

图 7.10　移动 H 型钢柱

7.8　创建另外 1 根平台柱

7.8.1 [步骤] 通过复制创建另外 1 根平台柱：选中"A-1"位上的柱；点击【修改 | 结构柱】上下文功能选项卡 | 【修改】面板 | 【复制】工具；捕捉并单击 H 型钢柱翼缘板下沿中点作为对齐点；捕捉并单击"B-1"轴线交点作为对齐目标；完成。

7.9 约束柱的竖向定位

7.9.1 [步骤] 选中上述步骤中创建的 4 根平台柱，在【属性】选项板｜【约束】栏中修改设置。在【底部标高】下拉菜单中选择"室外地坪"；【底部偏移】信息栏输入"-500"。这样，柱底面标高即为"室外地坪"标高向下再偏移 500 mm 的标高，让柱伸入地坪以下，我们在本例后面的操作中会创建建筑的基础构件。

7.9.2 [步骤] 在【顶部标高】下拉菜单中选择"室外平台"；【顶部偏移】信息栏输入"-50"。在密斯的设计中，柱顶并不与室外平台完成面取齐，而是略低于面层。（如图 7.11 所示）㊱

7.10 放置主体建筑的柱

7.10.1 [步骤] 重复 [7.5.1] 和 [7.5.2] 的操作，选定要放置柱的族类型。（因为密斯在范斯沃斯住宅中统一采用了一种 H 型钢柱的规格，所以不需要另外设置参数）

7.10.2 [步骤] 在选项栏中的两个下拉菜单中分别选择"高度"和"屋面"。（原理依据参见 [7.5.4]）

7.10.3 [步骤] 捕捉轴线定位点"C-2""C-3""C-4""C-5""D-2""D-3""D-4""D-5"处放置柱。

7.10.4 [步骤] 参照 [7.7] 的方法细化对齐关系。

7.11 约束柱的竖向定位

7.11.1 [步骤] 约束柱的竖向定位：在【属性】选项板｜【约束】栏中设置。（更详细内容参考 [7.8] 中的讲解）

7.11.2 [步骤] 在【底部标高】下拉菜单中选择"室外地坪"；【底部偏移】信息栏输入"-800"，建筑主体的基础应深于平台。

7.11.3 [步骤] 在【顶部标高】下拉菜单中选择"屋面"；【顶部偏移】信息栏输入"-205"。

㊱ **关于柱的长度控制**

在 Revit 中，控制柱的尺寸并不是直接用柱的"长度"，而是用"柱顶标高"和"柱底"标高来控制的。从专业角度来看，这更符合建筑学的规律：通常而言我们需要柱，并不是需要一个某种长度的物体，而是需要它来撑起某一个高度的屋顶或楼面，因而在设计过程中，我们通常是先确定空间的"高度"；之后才推算出柱的"长度"。所以，用标高来控制柱的顶面和底面位置，反而从设计思维上是更直接的方式。

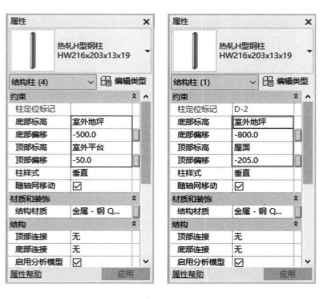

图 7.11 室外平台柱（左）与主体建筑柱（右）顶底标高及偏移设置

8

第八章

创建梁

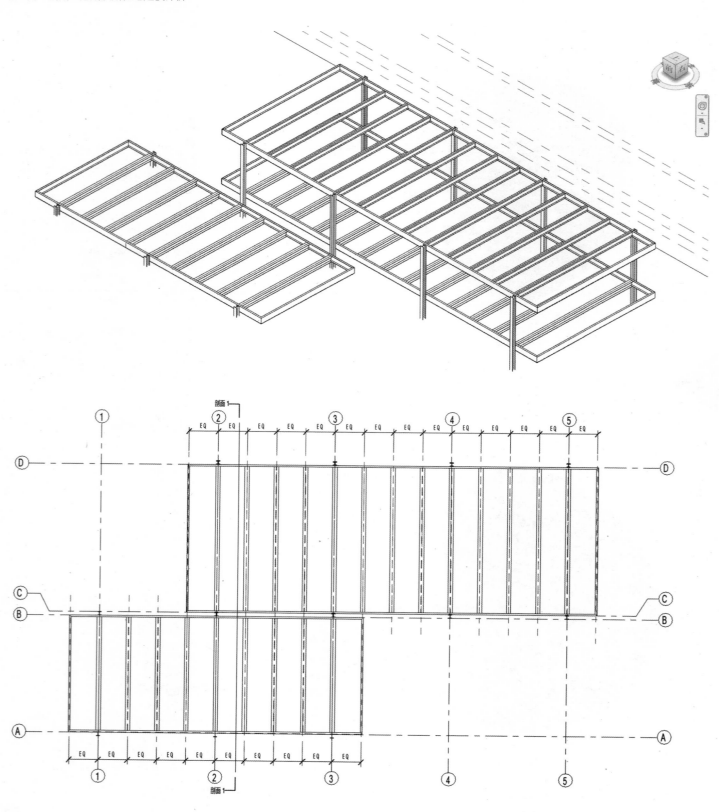

㊲需要注意：在 Revit 的系统族库里，是没有作为"梁"的类别的，与梁相关的结构构件族都在"框架"之下，它包括了梁在内的斜撑、拉杆等在内的各类框架结构构件。这里的"框架"与我们通常在建筑专业意义上理解的框架略有区别，它不包括柱子，Revit 族库里有专门的"柱"类别。

8.1 创建外圈梁

8.1.1 [步骤] 载入槽钢族（更详细的讲解可参考 [7.1]）：

8.1.1.1 [步骤] 在功能区内点击【插入】选项卡 |【从库中载入】面板 |【载入族】工具；弹出【载入族】对话框。

8.1.1.2 [步骤] 通过路径："Libraries\China\ 结构 \ 框架 \ 钢"进入"钢"文件夹中检视族列表。㊲

8.1.1.3 [步骤] 根据设计需要，选择"热轧槽钢"；按【打开】，弹出【指定类型】菜单。

8.1.1.4 [步骤] 在【指定类型】菜单中，参考范斯沃斯住宅的柱尺寸，可先选择"C40a"规格的型钢族类型载入；按【确定】完成载入。

类型	高度	宽度	腹杆厚度	法兰厚度	腹杆圆角	法兰圆角	翼缘厚度位置	截面面积
	(全部)	(全部)	(全部)	(全部)	(全部)	(全部)	(全部)	(全部)
C36a	36.00 cm	9.60 cm	0.90 cm	1.60 cm	1.60 cm	0.80 cm	4.35 cm	60.91 cm²
C36b	36.00 cm	9.80 cm	1.10 cm	1.60 cm	1.60 cm	0.80 cm	4.35 cm	68.11 cm²
C36c	36.00 cm	10.00 cm	1.30 cm	1.60 cm	1.60 cm	0.80 cm	4.35 cm	75.31 cm²
C40a	40.00 cm	10.00 cm	1.05 cm	1.80 cm	1.80 cm	0.90 cm	4.48 cm	75.07 cm²
C40b	40.00 cm	10.20 cm	1.25 cm	1.80 cm	1.80 cm	0.90 cm	4.48 cm	83.07 cm²

图 8.1　载入"热轧槽钢"族

8.1.2 [步骤] 调整槽钢参数：㊳

8.1.2.1 [步骤] 进入 "室内楼层" 视图；在功能区选择【结构】选项卡｜【结构】面板｜【梁】工具。

图 8.2 【结构】选项卡中的【梁】工具

8.1.2.2 [步骤] 在【属性】选项板的类型选择器下拉菜单中选择刚刚加载的 "热轧槽钢 C40a"；点击【属性】选项板中的【编辑类型】按钮，进入【类型属性】对话框。

8.1.2.3 [步骤] 点击【复制（D）】按钮，复制一个族类型以调整规格参数，弹出【名称】对话框，在【名称】信息栏中键入新类型的名称如 "C38a"；按【确定】完成复制并回到【类型属性】对话框。

8.1.2.4 [步骤] 对新复制的族类型设置参数：在【类型属性】对话框｜【类型参数（M）】菜单｜【结构剖面几何图形】中设置槽钢的详细参数。

8.1.2.5 建议参数：将 "高度" 设置为 "38.00 cm"；将 "法兰厚度" 设置为 "1.50 cm"，其他参数可暂时维持默认值。㊴

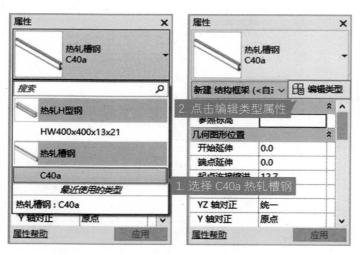

图 8.3 调整槽钢参数

㊳通过族创建构件的方法逻辑都有相近之处，同类操作的重复过程，也是不断熟练和深化理解的过程

㊴"法兰厚度"的参数设置与后面的构造关系有关，要将其与后面步骤中的 H 型钢梁的翼缘板厚度取齐，来保证楼板构造的关系。通常在方案设计阶段，我们不必完全指定构件的详细规格，只要依据设计需求来提出控制性的参数指标即可。

⑩ **关于【链】**

如未勾选【链】，则在操作中创建完成一个梁段，就会自动退出【梁】工具；而在勾选【链】后，则会连续创建梁段，直至用 ESC 键主动退出工具。

8.1.3 [步骤] 定位圈梁边界：

8.1.3.1 [步骤] 用【建筑】选项卡 |【工作平面】面板 |【参照平面】工具，确定圈梁两端悬挑的距离。

8.1.3.2 圈梁在建筑主体两端悬挑距离为 1675 mm，如图 8.4 所示。❹

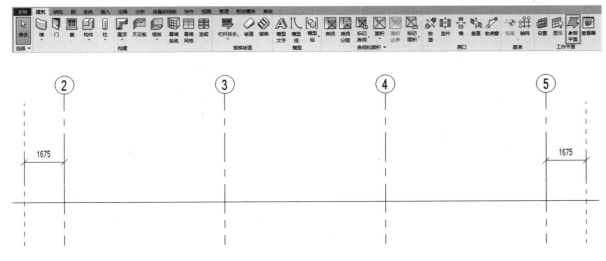

图 8.4　确定圈梁两端悬挑距离

8.1.4 [步骤] 放置建筑地面圈梁：

8.1.4.1 [步骤] 点选功能区的【结构】选项卡 |【结构】面板 |【梁】工具；此时功能区进入【修改 | 放置 梁】上下文功能选项卡。

8.1.4.2 [步骤] 在【属性】选项板的类型选择器下拉菜单中选择在 [8.1.2] 中设置好的族类型："C38a"。

8.1.4.3 [步骤]【属性】选项板 |【几何图形位置】属性栏中修改几项默认参数：【起点连接缩进】设为 "0"；【端点连接缩进】设为 "0"。

8.1.4.4 [步骤] 在选项栏【放置平面】下拉菜单中选择 "室内楼层"（这个标高更匹配放置支承室内地坪结构的圈梁）；勾选【链】。⑩

8.1.4.5 [步骤] 捕捉参照平面与轴线所确定的定位点，按顺时针方向放置圈梁。注意 "圈梁" 绘制：绘制的方向会影响到槽钢槽口的朝向，顺时针绘制槽口是朝内的。

8.1.4.6 如果绘制完成发现朝向不对，也可以选中槽钢构件，中央显示 ⟷ 符号，点击符号可以翻转截面的朝向。

❹ [赏析] 关于边跨定位

　　由于测绘图中两侧边跨定位不一致，建模过程中边跨的定位数据并不直接来自实测数据（如图 8.5 所示），而是来自将主跨四等分后获得的工字钢 H 型钢梁的定位数据（取左侧边跨的测绘数据取整（1725 mm），并将边跨的定位线调至槽钢中间，使东西两侧最后一跨间距与柱跨模数一致）（如图 8.6 所示）。依据柱跨的四等分（即 1675 mm）数据确定悬挑段槽钢圈梁梁段定位后，建筑主体西端的槽钢梁段就精准地与室外平台的其中一根 H 型钢梁对齐了，而在实测数据中，这两根梁之间则存在一个非常微小且暧昧的错位——在如此重要的结构框架关系上出现微差，这实在不像密斯在设计意图中确定的结果。

　　由此，我们比较清晰地厘清了结构框架的定位逻辑：在确定主跨的前提下，四等分柱跨的 H 型钢梁的定位是可以被精确计算出来的，而圈梁悬挑段的定位则追随 H 型钢梁的等分间距。在此逻辑下，如果我们调整主跨，那么另外两个数据也会相应调整，但它们之间的比例关系是可以保持精准的。

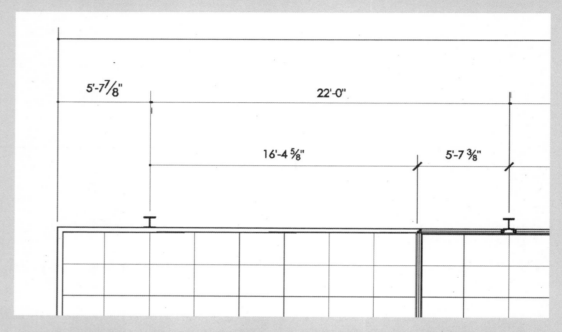

图 8.5　测绘图中轴网左侧边跨的尺寸（转公制约 1724.24 mm，取整为 1725 mm）

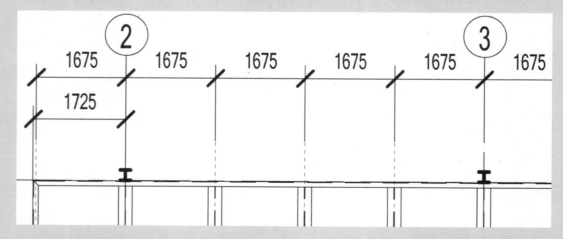

图 8.6　将边跨的定位线调至槽钢中间，使东西两侧最后一跨间距与柱跨模数一致

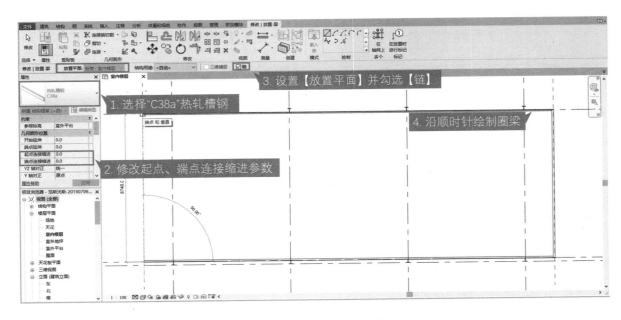

图 8.7　放置建筑地面圈梁

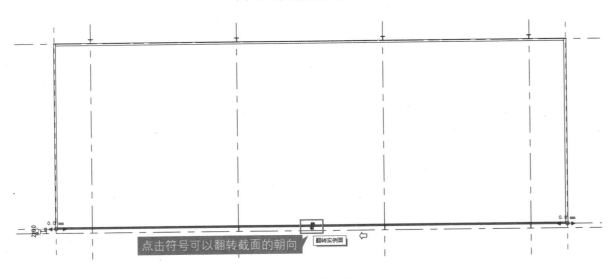

图 8.8　翻转截面朝向

8.1.5 [步骤] 细致定位：

8.1.5.1 [步骤] 圈梁与参照面及轴线的默认关系是居中对齐的，须根据设计要求令槽钢腹板外沿与参照面或轴线对齐：在功能区点选【修改】选项卡 | 【修改】面板 | 【对齐】工具。

8.1.5.2 [步骤] 先单击选取对齐基准（本例中为参照面和轴线），再次单击选取想对齐的构件的面，完成对齐。

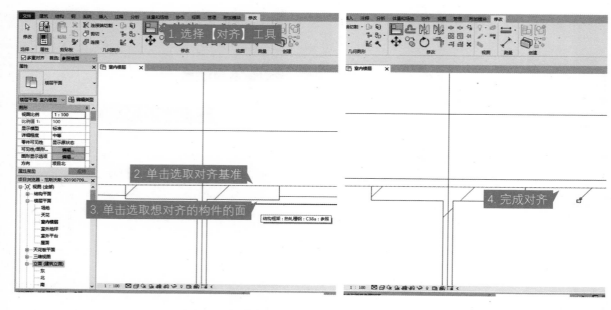

图 8.9 将槽钢腹板外沿对齐到轴线 / 参照面

8.1.6 [步骤] **修改转角交接方式：**

　　8.1.6.1 [步骤] 点选功能区的【钢】选项卡 |【参数化切割】面板 |【斜接】工具下拉菜单中选择【斜接】。

　　8.1.6.2 [步骤] 同时选中要连接的两个钢件（本例中为转角的两段槽钢），按 Enter（回车）键完成切割和连接。如构件复杂不容易框选，可按住 Ctrl 键分别点选要选中的构件，即可精准地同时选中。

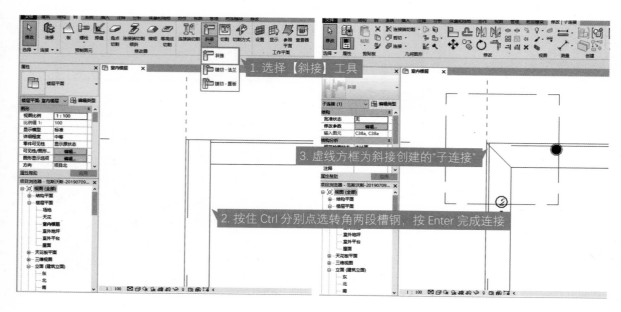

图 8.10 修改转角交接方式

8.1.6.3 [原理]【钢】选项卡及其内收纳的各项工具,是 Revit 2019 版本增加的新功能。在此前版本中,钢结构构件与其他材料的结构构件都在【结构】选项卡内,其构件交接等功能也都视同处理。但是,钢结构的交接及加工逻辑比其他材料结构构件的逻辑是更复杂的,将其独立出来,很大程度上增强了相关模型创建的专业性,同时引入"子连接"概念,以支持对钢结构节点的持续编辑和深化。可以说,【钢】选项卡是 Revit 2019 最重要的功能增益。

8.1.6.4 [步骤]重复 [8.1.6.1] 和 [8.1.6.2] 的操作,完成其他槽钢转角交接。

8.1.7 [步骤]调整建筑主体两侧槽钢定位:

8.1.7.1 [步骤]选中左侧槽钢,用快速访问工具栏中的【对齐尺寸标注】工具标注槽钢的宽度,宽度值为 100 mm。

8.1.7.2 基于标注尺寸简单计算:如果欲令槽钢与参照平面成居中对齐关系,那么槽钢须向右移动 50 mm。

8.1.7.3 [步骤]选中要移动的槽钢;在【修改 | 结构框架】上下文功能选项卡 | 【修改】面板中选择【移动】工具;向左移动并输入"50";槽钢重新定位完成;此时再用【对齐尺寸标注】工具检查槽钢外沿与参照平面的间距尺寸是否为"50",以确认定位是否准确。㊶

㊶在这里,我们只需要调整槽钢的位置,而不必修改它与相邻槽钢之间的交接节点,因为"子连接"中的节点会自动随槽钢移动,这是 Revit 2019 版本中新增了【钢】功能选项卡后提供的便捷功能。

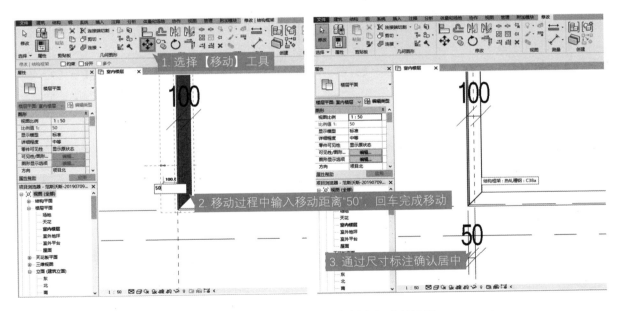

图 8.11 使槽钢与参照平面成居中对齐关系

8.1.7.4 [步骤]重复 [8.1.7.1] 到 [8.1.7.3] 的步骤,调整建筑主体右侧的槽钢位置。

8.1.8 [步骤]选中全部 4 个梁段;在【属性】选项板 | 【几何图形位置】属性栏,【Z 轴偏移值】一栏中设置为"-10"。(地面完成面标高略高于结构圈梁)

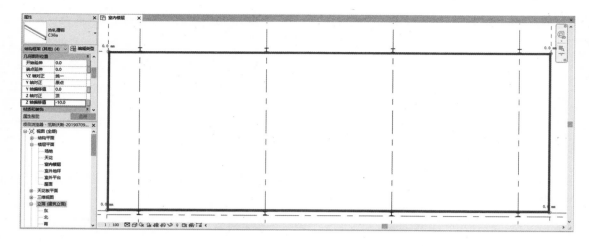

图 8.12　修改梁段的 Z 轴偏移值

8.1.9 [步骤] 通过复制—粘贴创建屋顶圈梁：

8.1.9.1 根据范斯沃斯住宅的设计，屋顶槽钢圈梁与地面槽钢圈梁是完全一样的，仅有标高不同，所以通过复制来创建屋顶圈梁是很便捷的。

8.1.9.2 [步骤] 选中地面圈梁的全部 4 个梁段；在功能区点选【修改】选项卡｜【剪贴板】面板｜【复制到剪贴板】工具，复制选中梁段。

8.1.9.3 [步骤] 在【修改】选项卡｜【剪贴板】面板｜【粘贴】工具下拉菜单中选择【与选定的标高对齐】项；弹出【选择标高】菜单，选择"屋面"标高并按【确定】完成粘贴；圈梁顶面与屋面标高平面对齐。㊷

㊷槽钢圈梁转角处的节点（子连接）会跟随圈梁一同被复制到屋面标高，因此复制时可不选中节点（子连接）。在后文 [8.2.7.2] 中会展开说明。

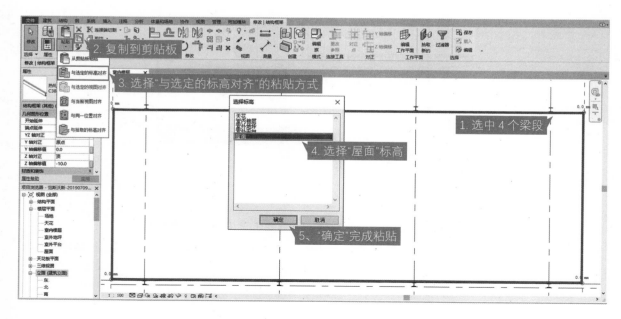

图 8.13　通过复制、粘贴创建屋顶圈梁

8.1.10 [步骤] 调整竖向定位：进入"{ 三维 }"视图（方法详见 [5.3.1]），选中屋顶圈梁的全部 4 个梁段；在【属性】选项板 |【几何图形位置】属性栏 |【Z 轴偏移值】栏中输入"-135"。

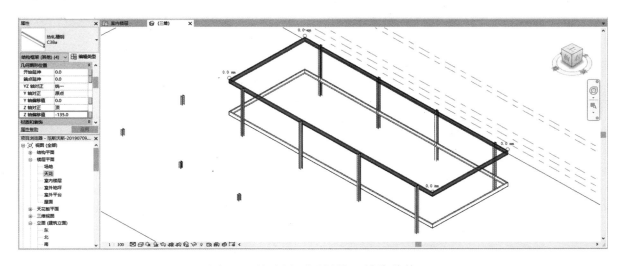

图 8.14　修改屋顶圈梁的 Z 轴偏移值

8.1.11 [步骤] 参考本节中的方法，创建室外平台的槽钢圈梁。相关设计参数如下：

  8.1.11.1 槽钢规格与建筑主体圈梁一致；

  8.1.11.2 室外平台完成面标高略高于槽钢圈梁顶面标高（10 mm）；

  8.1.11.3 两侧槽钢与参照平面成居中关系，参照平面到轴线距离如图 8.15 所示。

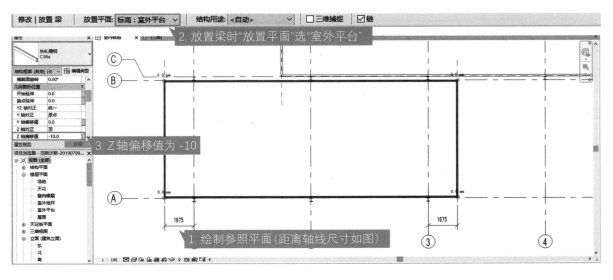

图 8.15　创建室外平台的槽钢圈梁

8.2 创建建筑主体楼层 H 型钢梁

8.2.1 [步骤] 载入 H 型钢梁族：

8.2.1.1 [步骤] 在功能区选择【插入】选项卡 |【从库中载入】面板 |【载入族】工具；进入【载入族】对话框；进入路径："Libraries\China\ 结构 \ 框架 \ 钢"；选择"H 焊接型钢"，按【打开】，进入【指定类型】菜单。

8.2.1.2 [步骤] 在【指定类型】菜单中选择："I300×250×10×14"；点击【确定】完成载入。

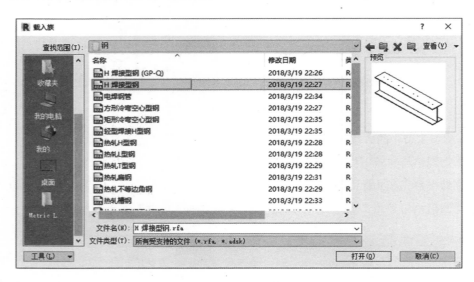

图 8.16 载入 "H 焊接型钢" 梁族

8.2.2 [步骤] 设置族类型：

8.2.2.1 [步骤] 在【属性】选项板中的类型选择器中选定刚刚载入的类型；点击【编辑类型】进入【类型属性】对话框。

8.2.2.2 [步骤] 点击【复制】命令，复制一个新类型以便进行设置；在【重命名】中按目标规格为族类型命名："I310×255×10×15"；规格也依照命名中的相应参数进行设置；按【确定】完成设置。

图 8.17　新建族类型参数设置

8.2.3 [步骤] 用参照平面定位：

8.2.3.1 [步骤] 进入"室内楼层"视图。

8.2.3.2 [步骤] 在功能区点选【建筑】选项卡｜【工作平面】面板｜【参照平面】工具。

8.2.3.3 [步骤] 在每两条轴线之间（即柱间开间）绘制三个参照平面。

8.2.3.4 [步骤] 选中一个开间中的 3 个参照平面，功能区进入【修改 | 参照平面】上下文选项卡；点选【测量】面板中的【对齐尺寸标注】工具，依次标注参照平面之间以及参照平面与轴线之间的尺寸；在标注尺寸上方居中的位置有一个 EQ 标记，点击此标记，三个参照平面自动均布于两条

轴线之间，尺寸标注数据也显示为 EQ。

8.2.3.5 [步骤] 重复 [8.2.3.4] 的操作，令全部开间中的参照平面都等距均布。❺

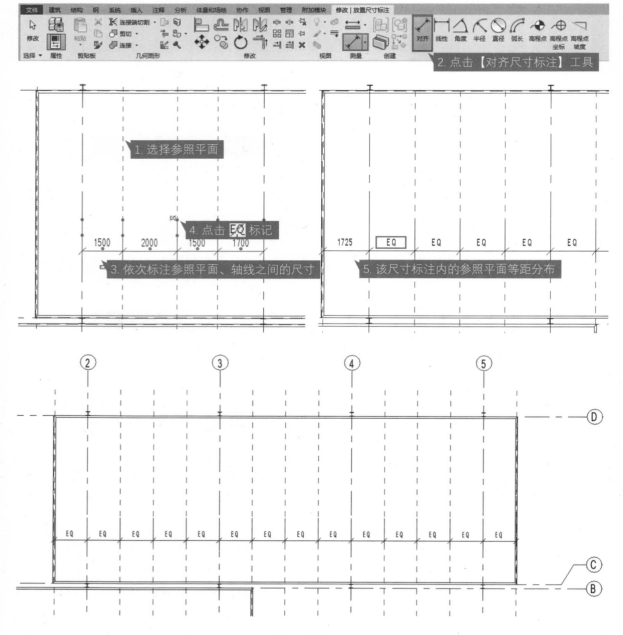

图 8.18　在开间中创建等距分布的参照平面

❺ [赏析] 等分的 H 型钢柱从建筑外观上是完全看不见的，但是它们却是整个建筑比例定位的"定音叉"，构成了建筑形式的基本网格——比如前文提到的建筑两侧突出柱位的悬挑长度，就是由 H 型钢梁的间距数据确定的。

❻[赏析]范斯沃斯住宅的结构设计中，槽钢圈梁与 H 型钢梁是下端对齐，钢梁上预留了楼板和面层的构造厚度，这样就得到了完成面与槽钢上沿大致平齐的简洁效果。越简洁的外观表现，往往需要越复杂和巧思的内在构造。

㊸默认样板中并没有提供默认的剖面视图，因为在不同的设计中，剖切的位置和范围都是很难预估的。所以，在设计过程中，我们需要根据设计的绘制和检视需要，专门创建剖面视图并设置剖切的位置和范围。

8.2.4 [步骤] 放置 H 型钢梁：

8.2.4.1 [步骤] 在【属性】选项板中的类型选择器中选中目标规格的钢梁族类型。

8.2.4.2 [步骤] 在【属性】选项板 |【几何图形位置】|【Z 轴偏移值】一栏中设置为 "-80"。❻

8.2.4.3 [步骤] 在选项栏【放置平面】下拉菜单中选择 "室内楼层" 标高。

8.2.4.4 [步骤] 捕捉相应轴线或参照平面，绘制第一根钢梁。

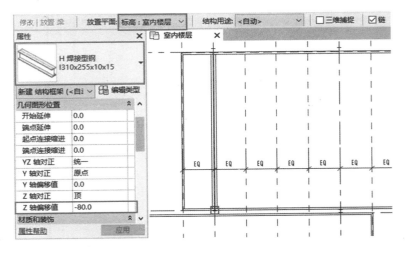

图 8.19　根据上述设置绘制第 1 根钢梁

8.2.5 [步骤] 创建剖面视图：

8.2.5.1 第一根 H 型钢梁创建完成后，我们会发现，在既有的视图中，找不到一个足够清晰的视图来检视 H 型钢梁与槽钢圈梁之间的交接关系，为此，我们需要创建一个适于检视的剖面视图。㊸

8.2.5.2 [步骤] 在功能区点选【视图】选项卡 |【创建】面板 |【剖面】工具；在目标剖切位置绘制剖切线。

8.2.5.3 注意：绘制剖切线像绘制直线一样，要在绘图区域先后点击剖切线的起点和终点来绘制，而看的方向，始终在剖切线绘制方向的左侧——所以在如图的剖切位置下，检视构件交接要向左看，应该从下向上绘制（起点在下终点在上）。

8.2.5.4 此时，在【项目浏览器】|【视图】中自动生成了 "剖面（建筑剖面）" 视图类型，此类型下的 "剖面 1" 即为刚刚创建的剖面视图。

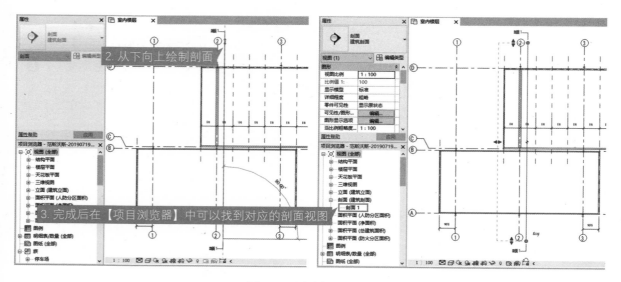

图 8.20　创建剖面视图

8.2.5.5 [步骤] 进入"剖面 1"视图，在视图控制栏的【详细程度】菜单中选择【精细】；在绘制区域放大交接部位以检视交接关系。

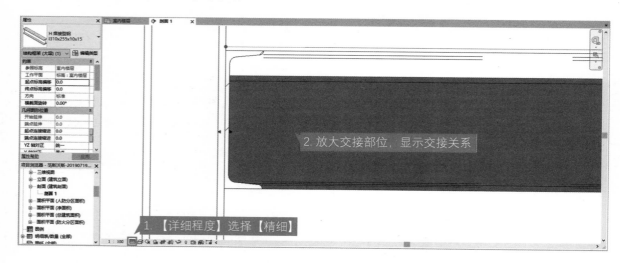

图 8.21　在剖面放大交接部位以检视交接关系

8.2.6 [步骤] 深化节点交接：

　8.2.6.1 [步骤] 进入三维视图，按住 Shift 与鼠标中键移动鼠标可旋转三维视图，选择能看到 H 型钢梁与槽钢圈梁交接处的角度。

　8.2.6.2 [步骤] 点选功能区的【钢】选项卡｜【参数化切割】面板｜【连接端切割】工具。

　8.2.6.3 [步骤] 同时选中（详见 [8.1.6.2]）要连接的两个钢件（本例中为 H 型钢梁与槽钢圈梁），按 Enter（回车）键完成切割和连接。

8.2.6.4 在这里，选择切割的钢构件是智能完成的，并且可以选择切换被切割的钢构件：点击节点处标记②旁的圆点，就可以切换被切割的钢件，读者可以尝试并观察。在本例中，默认的切割方式就是正确的。

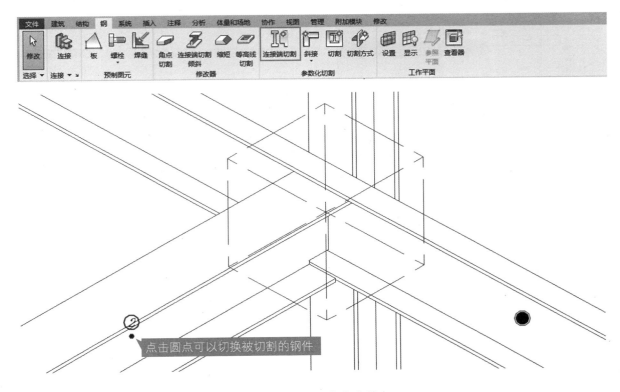

图 8.22　深化节点交接

8.2.6.5 [步骤] 重复 [8.2.6.2] 到 [8.2.6.3] 的操作，完成 H 型钢梁另一端与槽钢圈梁的交接。

8.2.7 [步骤] 复制同规格钢梁：

8.2.7.1 [步骤] 选中创建完成的 H 型钢梁，同时选中两端的节点（子连接）标记（将鼠标箭头接近节点处，会显现方形虚线框，即节点标记，单击可选中）；此时功能区进入【修改 | 结构框架】上下文选项卡。

8.2.7.2 注意：节点(子连接)是与相连接的两个钢构件关联的。当节点关联的两个钢构件同时被复制，节点（子连接）也能自动跟随被复制。但本例中，槽钢圈梁已在 [8.1.9] 中复制过了，则仅需要复制 H 型钢梁至"屋面"标高，在这种情况下，就必须同时选中节点（子连接）标记与 H 型钢梁一同复制，才能保证节点（子连接）的有效性和可编辑性，将来才可以对每一根钢梁的节点的相关参数都进行深化和编辑。如果只复制 H 型钢梁，则节点就定型为复制时的状态，不存在子连接，无法继续编辑。

8.2.7.3 [步骤] 在【修改】面板中点选【复制】工具；在选项栏中勾选【约束】和【多个】；在绘

制区域中捕捉并点击被复制构件的参照点（如钢梁一端与参照平面或轴线的交点），依次点选作为定位的其他参照平面和轴线，完成复制。㊹

㊹ 关于【约束】

　　由于在选项栏中勾选了【约束】，所以在水平方向上的复制不会发生竖向的偏移，可以比较放松地点选参照平面和轴线，以此锁定水平向的定位，而不必捕捉目标交点。在今后的建模过程中，随着构件关系越来越复杂，很容易捕捉错误的图元，这是一个很有用的技巧。

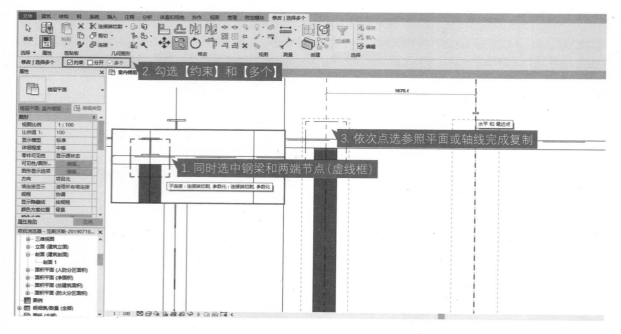

图 8.23　复制 H 型钢梁（含两端节点）

8.2.7.4 切换至三维视图检视构件关系是否符合设计要求。㊺

㊺ 利用三维模型就行检查

　　由于许多时候 Revit 模型的创建都是在二维视图上完成的，但其所处的空间关系仍然是复杂的，很容易发生在二维视图中难以检查的错误。因此，在模型创建过程中，要养成不断切换到三维视图中检查的习惯。

8.3　创建建筑主体屋面 H 型钢梁

㊻ 也可以从状态栏右下角点击【过滤器】工具，是相同的功能。过滤器可以通过类来选择需要的图元。

8.3.1 [步骤] 选中 13 根已创建好的楼层钢梁：

　　8.3.1.1 [步骤] 依据大致范围框选 13 根钢梁，此时包括"尺寸标注""结构柱"在内的其他图元也会被选中。

　　8.3.1.2 [原理] 仅选择完全位于选择框边界之内的图元，请从左上至右下拖曳光标。选择全部或部分位于选择框边界之内的任何图元，请从右下至左上拖曳光标。

　　8.3.1.3 [步骤] 此时功能区自动切换至【修改 | 选择多个】上下文选项卡；在【选择】面板中点击【过滤器】工具；弹出【过滤器】菜单，复选框中列出了当前被选中的所有图元并标注了数量，在其中勾选"子连接"和"结构框架（大梁）"，按【确定】完成选择，这样就精确选中了 13 根 H 型钢梁和两端共 26 个子连接节点。㊻

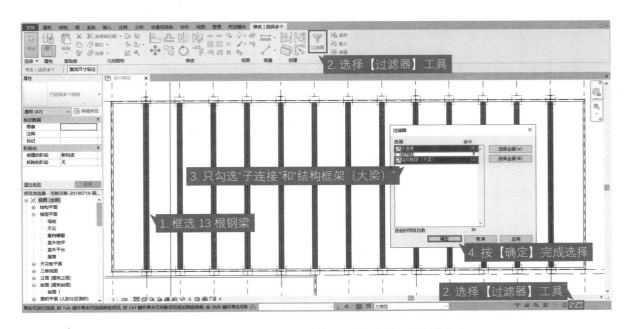

图 8.24　通过【过滤器】选中 H 型钢梁与子连接节点

8.3.2 [步骤] 复制钢梁至屋面：

8.3.2.1 [步骤] 点击【修改 | 选择多个】上下文选项卡 |【剪贴板】面板 |【复制到剪贴板】工具，完成复制。

8.3.2.2 建议在粘贴前切换至三维视图，这样方便在粘贴过程中直观地检视总体关系是否正确。

8.3.2.3 [步骤] 在【剪贴板】面板的【粘贴】工具的下拉菜单中选择【与选定的标高对齐】，弹出【选择标高】菜单，选中"屋面"标高，按【确定】完成粘贴。

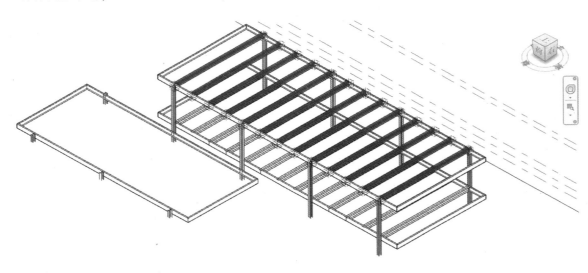

图 8.25　复制钢梁至屋面

8.3.3 [步骤] 修改 H 型钢梁参数：

8.3.3.1 [步骤] 此时复制后的钢梁和子连接都处于选中状态；不要放弃选中状态，在【选择】面板中点击【过滤器】工具，在【过滤器】菜单中勾选"结构框架（大梁）"，按【确定】完成选择，此时选中的是 13 根屋面 H 型钢梁。㊼

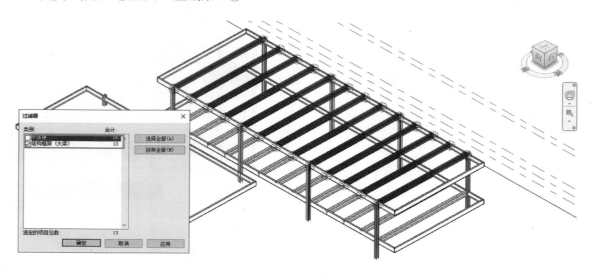

图 8.26　选择 H 型钢梁

8.3.3.2 [步骤] 点击【属性】选项板中的【类型编辑器】按钮，进入【类型属性】对话框；点击【复制】来复制一个族类型来针对屋面梁的设计设置参数，依据构件参数格式命名如"I310×165×7×10"；在【结构剖面几何图形】中根据设计数据修改相关参数；按【确定】完成参数设置。

8.3.3.3 [步骤] 修改【属性】选项板的实例属性，在【几何图形位置】下将【Z 轴偏移值】设为"-180"。

8.3.3.4 [步骤] 进入"剖面 1"视图，将比例尺调整为 1：50（参见 [4.1.3]），检视详细关系是否正确；由于尺寸比较细，可选中 H 型钢梁，用【修改 | 结构框架】上下文选项卡 |【测量】面板 |【对齐尺寸标注】工具来测量并标注 H 型钢梁与槽钢圈梁上、下皮的净距尺寸，以此来精确检查尺寸是否吻合。㊽

㊼如不慎放弃了选择也没关系，只要我们知道要在【过滤器】工具中选择哪类图元，重新框选也可以完成选择。本例中接续前面的选择继续操作，只是还原一般 Revit 操作中的惯有节奏。

㊽ **调整数据文本的位置**
　　当尺寸数据叠在一起时，可以拖曳尺寸文字下的蓝色圆点来调整数据文本的位置，令其清晰显示。

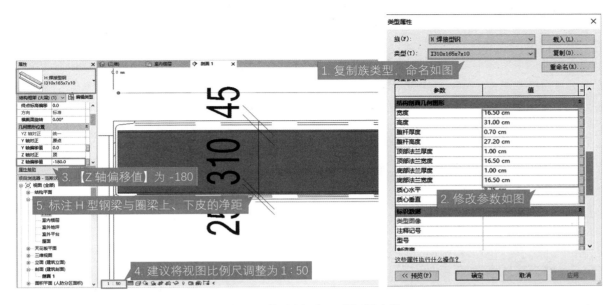

图 8.27 修改屋面 H 型钢梁参数

8.4 创建室外平台 H 型钢梁

8.4.1 说明：本章内容与前两章非常类似，仅做粗略的提示，并介绍一些快捷的小窍门，读者可根据提示复习前面的内容，以便熟练掌握。

8.4.2 [步骤] 用参照平面定位：

8.4.2.1 [步骤] 请参照本册 [8.2.3] 的系列操作完成参照平面的绘制。

8.4.2.2 [步骤] 定位要点亦与 [8.2.3] 中的类似：每个开间内绘制三个等距排布的参照平面。

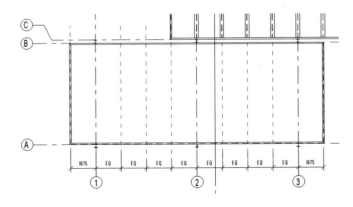

图 8.28 完成室外平台 H 型钢梁参考平面绘制

8.4.3 [步骤] 创建梁：

　　8.4.3.1 [步骤] 在功能区选择【结构】选项卡丨【结构】面板丨【梁】工具；室外平台的结构与建筑主体的楼层结构是基本一致的，所以直接在【属性】选项板的类型选择器中选择之前在建筑主体楼层结构中设置好的"H 焊接型钢 I310×255×10×15"。㊽

　　8.4.3.2 [步骤] 在【属性】选项板中设置实例属性，在【几何图形位置】下将【Z轴偏移值】设为"-80"。

　　8.4.3.3 [步骤] 在选项栏中将【放置平面】下拉菜单选择"标高：室外平台"，令梁基于室外平台的标高平面放置；勾选【链】。

　　8.4.3.4 [步骤] 捕捉轴线与槽钢圈梁的相关交点，在"剖面 1"剖切位置附近并可见的一侧绘制一根梁，以方便创建后检视。

㊽ 使用【创建类似实例】

　　如 [8.2.4] 中的情形，要调用一个已创建的族类型并略加修改，有一个简化步骤的小窍门：点击选中要参考创建的族类型的实例构件，并在选单中选择【创建类似实例】，右键可直接跳过 [8.4.3.1] 步，直接进入设置和绘制。

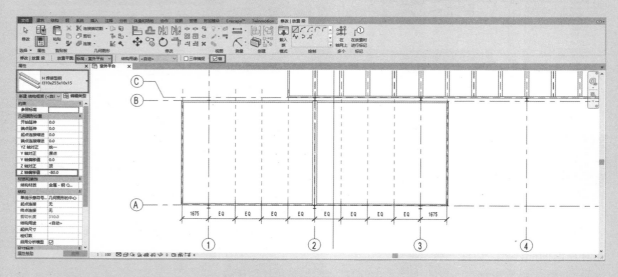

图 8.29　绘制室外平台 H 型钢梁

8.4.4 [步骤] 设置交接：参照 [8.2.6.1] 到 [8.2.6.3] 的操作步骤和要点，完成节点交接的深化。

8.4.5 [步骤] 复制其他梁段：参照 [8.2.7.1] 到 [8.2.7.3] 的操作步骤和要点，完成其他梁段的复制。

8.5　管理参照平面

8.5.1 至此，建筑的结构框架部分就全部创建完成了，除在三维视图中检视总体关系是否正确以外，还要养成管理参照平面的习惯。

8.5.2 [步骤] 参考 [4.10] 中的步骤，创建"结构定位"子类别，并将所有用于定位槽钢圈梁、工字钢梁的参照平面归于子类别中，在平面视图中隐藏对它们的显示。㊿

㊿ **参照平面管理**

对参照平面的分类管理，可方便在不同的编辑视图中调用或隐藏相应的参照平面。

管理参照平面的常用操作有：

1. 新建参照平面子类别：见 [4.10.2]。

2. 增删子类别、调整子类别显示的颜色和线型：见 [4.10.3]，其中自动进入的【对象样式】对话框，可以通过【管理】选项卡 | 【对象样式】工具进入。

3. 参照平面子类别显示或隐藏：见 [4.10.4]，在该界面下通过勾选的方式，设定参照平面的子类别是否在当前视图显示。

此外，如需统一设置视图中参照平面的可见性，可以通过视图的【属性】|【视图样板】中的"V/G 替换注释"来进行设置。

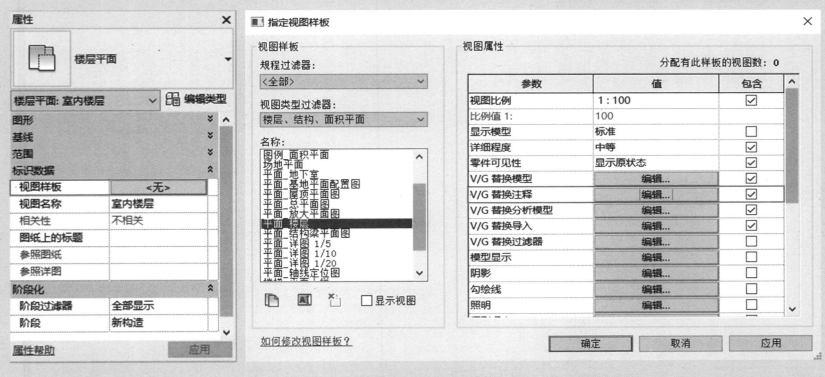

图 8.30　通过"V/G 替换注释"统一设置视图中参照平面可见性

第九章

创建幕墙与结构柱的连接构造

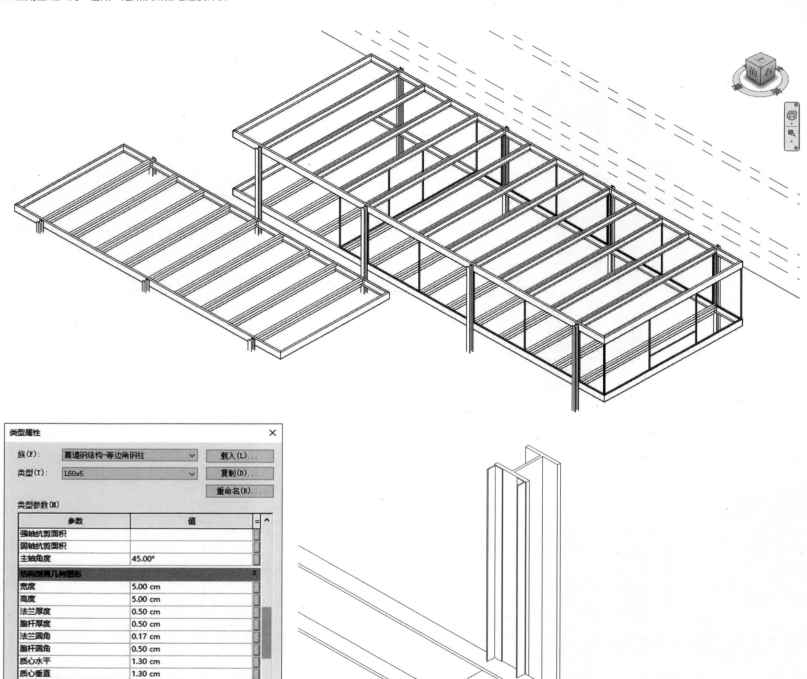

类型属性

参数	值
族(F):	幕墙钢结构-等边角钢柱
类型(T):	L50x5

载入(L)...
复制(D)...
重命名(R)...

类型参数(M)

参数	值
强轴抗剪面积	
弱轴抗剪面积	
主轴角度	45.00°
结构剖面几何图形	
宽度	5.00 cm
高度	5.00 cm
法兰厚度	0.50 cm
腹杆厚度	0.50 cm
法兰圆角	0.17 cm
腹杆圆角	0.50 cm
质心水平	1.30 cm
质心垂直	1.30 cm
顶部腹杆圆角	0.17 cm
标识数据	
部件代码	

这些属性执行什么操作?

<< 预览(P)   确定   取消   应用

❼ [赏析] 在钢结构的节点交接中，角钢是最常见的一种连接件，多用于构件之间的垂直连接。在本例中，角钢完成了H型钢柱翼缘板顶面与幕墙框之间的连接，尽管这样并不能让幕墙与钢柱完全脱开以使钢柱成为独立柱，但仍然让H型钢柱完整地呈现，成为"深壁柱"——因为象征着帕提农神庙的八根柱子的表现，是密斯建筑一生的主题。

其实不止在本例的节点，在密斯的诸多作品中，有两种出现频率非常高的构造连接件——角钢和T型钢。但是，因为密斯从不直接表现这两种钢件，因而如果不研究详图，我们从建筑的外观里几乎看不到它们。角钢和T型钢，可以算是密斯建筑中的"无名英雄"吧。

以下试举两例聊以说明。

在密斯的成名作——巴塞罗那世博会德国馆里，八根支撑平屋顶的独立柱，柱截面是"十"字形的。十字钢柱与H型钢柱，是密斯建筑中仅有的两种柱型，它们分别传承了多立克柱式和爱奥尼柱式的表现特征。但是两者的不同之处在于：H型钢柱可以直接用标准型钢；但世界上并没有十字形截面的型钢。密斯是用四个角钢和四个T型钢组合构成十字形，再用镀铬锌皮包裹，令十字钢柱表现为完整、独立的体量。（见下一页图9.2）

9.1 范斯沃斯的角钢连接件

9.1.1 范斯沃斯住宅的玻璃幕墙与H型钢柱之间，是通过角钢连接的。所以在创建幕墙之前，要先完成角钢连接件的创建，以方便幕墙的定位。❼

9.2 载入角钢族

9.2.1 [步骤] 点选【文件】选项卡 |【打开】|【族】，弹出文件浏览器；从打开路径："Libraries\China\结构\柱\钢"进入"钢"文件夹中检视族列表，根据设计需要选择"热轧等边角钢柱.rfa"族文件；按【打开】打开族文件。

图 9.1 打开"热轧等边角钢柱.rfa"族文件

9.2.2 打开了"热轧等边角钢柱.rfa"族文件，通过【项目浏览器】可以切换不同的视图；还可以通过【视图】选项卡 |【窗口】面板 |【平铺视图】工具，将 Revit 中打开的视图在绘图区域中平铺开来，将暂时不需要的视图拖曳成一个独立的窗口，点击窗口右上角"最小化"按钮▬隐藏。这种将多视图同时呈现的方式，可帮助读者快速、全面检视和了解该族：这是一个比较简单的族，可以看到它可编辑的截面尺寸和高度尺寸参数，在立面视图中还显示了它与参照标高之间的关系。

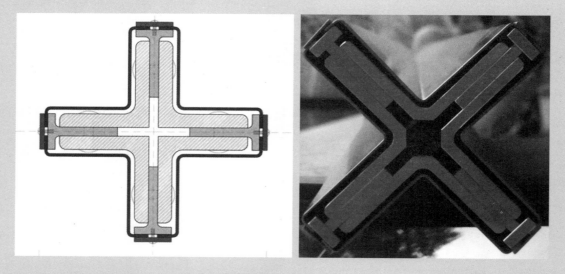

图 9.2 密斯德国馆十字钢柱截面

左图源自：https://www.archweb.it

在伊利诺伊工学院的校友楼里，密斯精确地处理了砖砌体墙段和钢结构框架之间的模数差：砖墙段顶部最上两匹砖中间砌成通缝，T 型钢件腹板与通缝插接，可以灵活调节位置，再用角钢卡死 T 型钢翼缘板与砌筑墙顶端的间距，钢结构则与 T 型钢翼缘板交接。这个构造在钢结构与砌体墙之间卡出了一条笔挺的脱开的缝。

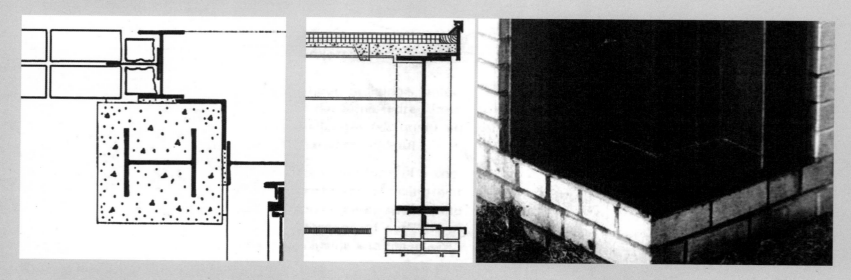

图 9.3 伊利诺伊工学院校友楼转角细部

右图源自：https://eu.lib.kmutl.ac.th

同类的例子不胜枚举，本教材里不再赘述。T 型钢有一个自由端（腹板）和一个交接面（翼缘板），而角钢有两个相垂直的交接面，它们的组合，有很强大的适应性。

9.2.3 [步骤] 如经检视确认该族符合设计应用的要求，则点击【修改】选项卡｜【族编辑器】面板｜【载入到项目并关闭】工具，将该族载入项目；退出族文件，回到项目文件，在绘制区域显示插入刚刚载入的"热轧等边角钢柱"的标靶提示，因为尚未根据设计调整参数，所以暂不插入，按 Esc 键退出插入。

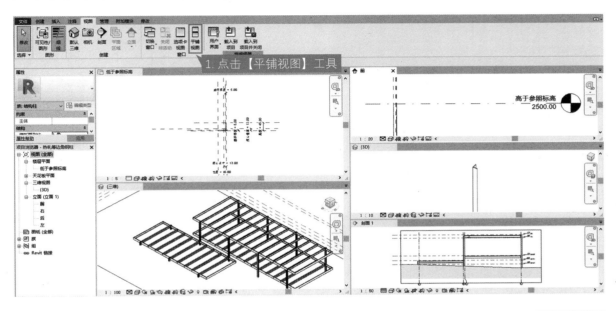

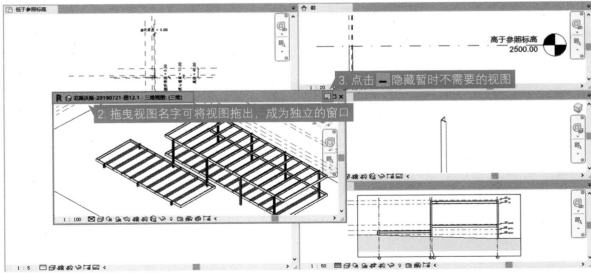

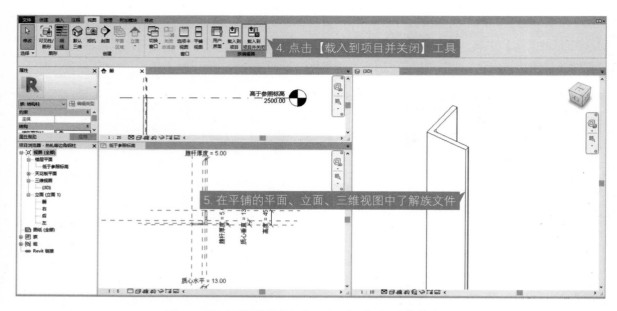

图 9.4　通过平铺视图快速、全面了解打开的族文件

9.2.4 [步骤] 由于关闭了先前平铺的多个视图，绘图区域现为空，可通过按住原来最小化了的项目"{ 三维 }"视图左上角视图名称区域，将视图拖放回绘图区域，绘图区域出现蓝色边框时即为提示可以放置视图，此时可松开鼠标，完成视图拖放。

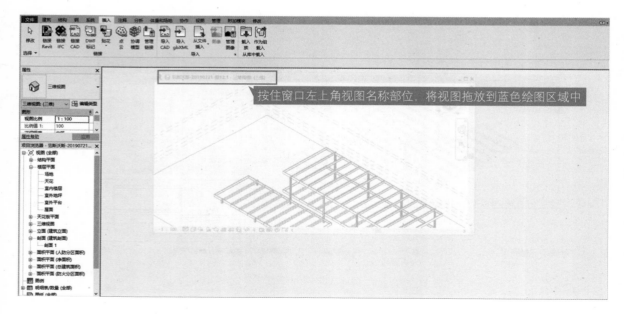

图 9.5　将视图窗口拖放到绘图区域中

(51) 在此路径下调出【类型属性】对话框，与前文多次讲解的通过在【属性】选项板下单击【编辑类型】来调出【类型属性】对话框效果是一样的。

9.2.5 [步骤] 修改项目中的族名称：在【项目浏览器】有一个【族】树状展开目录，里面收录了项目中已载入的族的集合，根据通常的设计分类逻辑可以查找这些族；在“结构柱”下可以找到刚刚载入的“热轧等边角钢柱”，右键单击并重命名，为了方便查找和管理，建议在名称中加入更多设计信息，如“幕墙钢结构 - 等边角钢柱”。

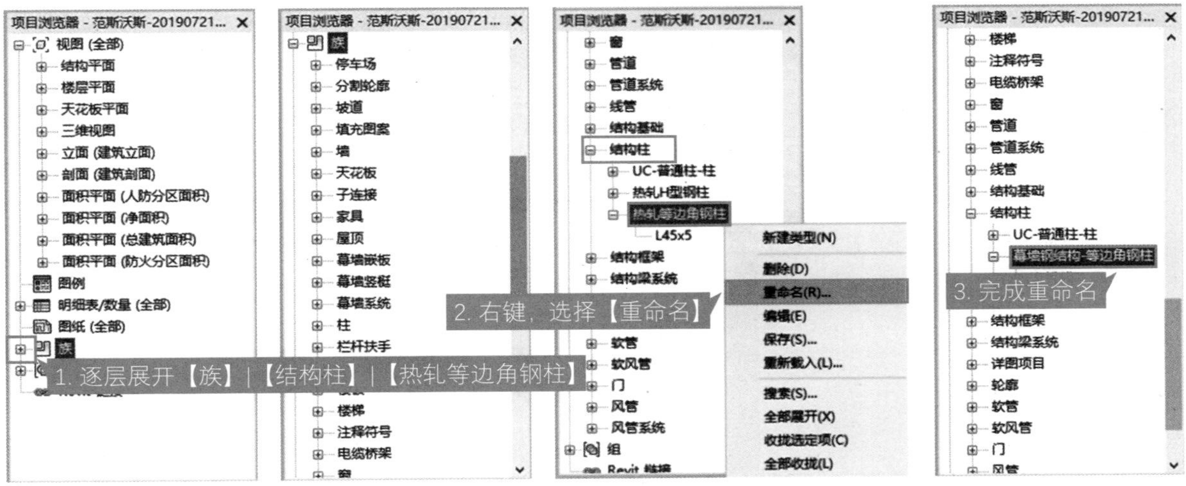

图 9.6　修改项目中的族名称

9.3 创建角钢连接件

9.3.1 首先，创建角钢交接件。

9.3.2 [步骤] 在【项目浏览器】的【族】目录里，通过目录层级“结构柱 \ 幕墙钢结构 - 等边角钢柱 \L45×5”，找到默认族类型“L45×5”，右键单击并选择【类型属性】，弹出【类型属性】对话框。(51)

9.3.3 [步骤] 用【复制】创建一个名为“L50×5”的新族类型，在【类型参数】的【结构剖面几何图形】部分中，将【宽度】和【高度】参数都改为“5.00 cm”；按【确定】完成编辑。

图 9.7 新建角钢族类型

9.3.4 [步骤] 点选【结构】选项卡 | 【结构】面板 | 【柱】工具。

9.3.5 [步骤] 在【属性】选项板的族类型下拉菜单中选中"幕墙钢结构 - 等边角钢柱 L50×5"，在绘制区域放置族，按空格键可旋转方向。

9.3.6 [步骤] 将角钢族放置在"C-3"轴线交点的 H 型钢柱附近，用【移动】工具捕捉关键点，先将角钢与 H 型钢柱翼缘板端头对齐，再用【移动】工具移动并输入偏移值"5"，完成连接件的平面定位。

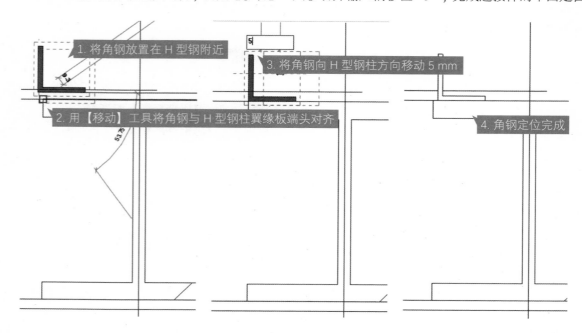

图 9.8 用【移动】工具精确定位角钢

㊾ **关于【详细程度】的设置**

　　【详细程度】多数情况下可默认设置成"中等"，这是最匹配一般设计检视深度的细度，既有必要的细节，又不至于过度显示。"粗略"仅显示单线，对于建筑单体层面的推敲而言信息不足，适合于更大尺度上的显示，或极复杂的构件系统（如空间网架）；"精细"则显示构件的全部细节，在多数检视比例下，许多细节即便显示也无法看清，或者根本不需要看清，"精细"显示适合显示详图，推敲构造细部。

9.3.7 [步骤] 点击屏幕上方快速访问工具栏中的【剖面】工具，在 C 轴北侧从右往左绘制一个剖面，剖面自动命名为"剖面 2"，便于查看和确定角钢的竖向定位。选中"剖面 2"，右键并点击"转到视图"，则绘图区域跳转至"剖面 2"。将视图控制栏中【详细程度】选为"中等"。㊾

9.3.8 [步骤] 因为角钢连接件上下分别与屋顶和楼层槽钢圈梁交接取齐，所以用快速访问工具栏的【测量两个参照之间的距离】工具（尺子图标）或【对齐尺寸标注】工具分别测量：屋顶圈梁下皮与"天花标高"之间的高差（高于"天花标高"13 mm）；以及室内楼层圈梁上皮与"室内楼层"之间的高差（低于"室内楼层"10 mm）。

9.3.9 [步骤] 选中角钢族，在【属性】选项板中调整【约束】部分的参数：在【底部标高】下拉菜单中选择"室内楼层"；在【底部偏移】栏中输入"-10"；在【顶部标高】下拉菜单中选择"天花"标高；在【顶部偏移】栏中输入"13"。完成竖向定位。

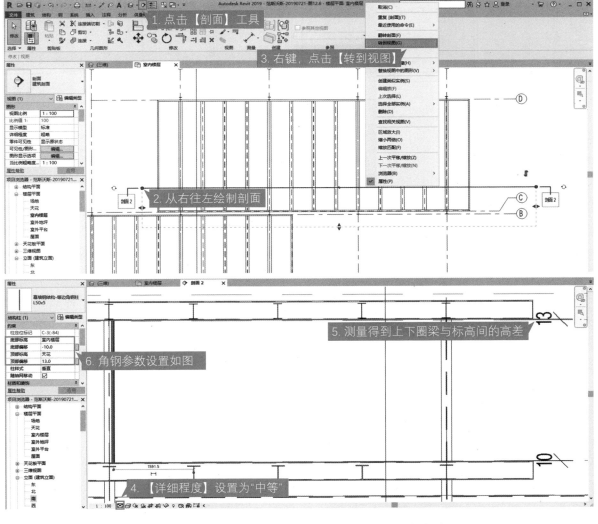

图 9.9　绘制剖面并转到剖面视图修改角钢竖向定位

9.3.10 在剖面和三维视图中检查模型关系是否正确。完成单个角钢连接件的创建。

9.3.11 [步骤] 选中角钢族；用【修改 | 结构柱】上下文功能选项卡 |【修改】面板 |【镜像 - 拾取轴】工具，点选轴线作为对称轴，完成镜像复制。

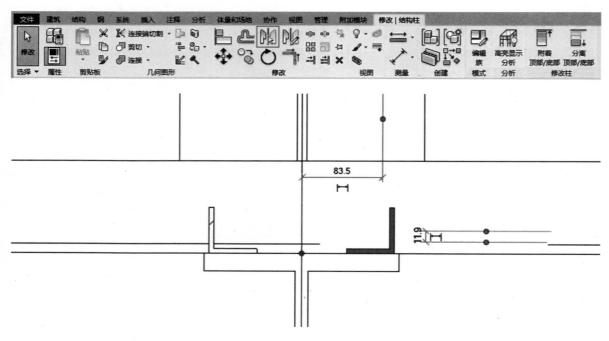

图 9.10 用【镜像 - 拾取轴】工具完成对角钢的镜像复制

9.3.12 [步骤] 综合运用【镜像】【复制】【移动】等命令，将这组角钢连接件复制到其他 5 根柱（C-4、C-5、D-3、D-4、D-5）。

第十章

创建幕墙
方钢框架

18

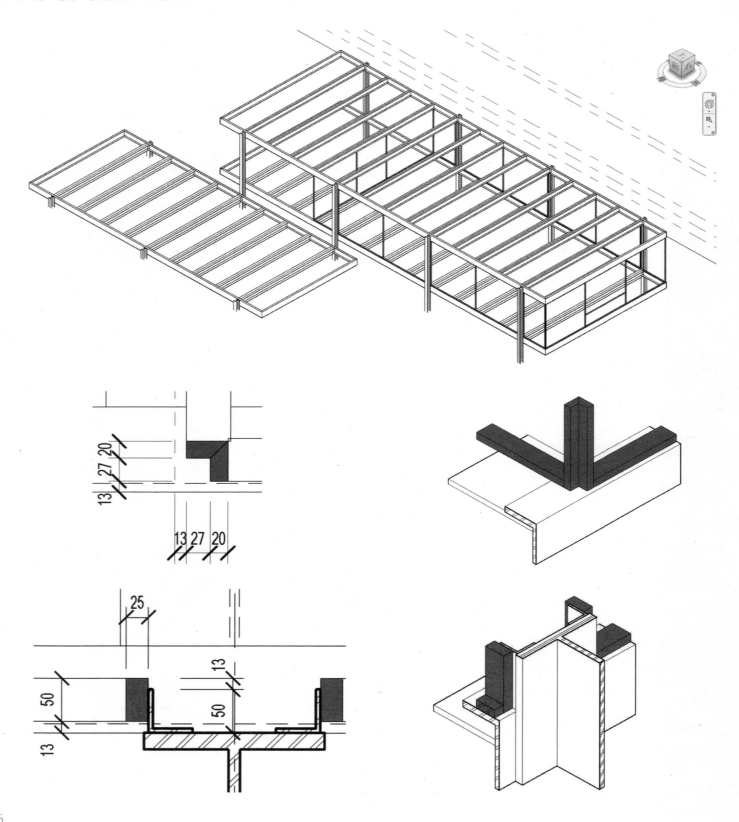

53 这个定位尺寸的确定仅供参考，我们只能尽可能"逼近"等分的效果。

因为一方面，绝对 3 等分后无法得到整数尺寸，这有悖于建筑学的一般精度；

另一方面，两端轴线定位的是边沿位置，而跨中的两个竖梃则定义中心线。综上，本例中的划分是更接近等分而又得以用整数控制的权宜之计。读者也可以依自己认同的其他逻辑来自行决定定位数据。

54 **使用【镜像】工具复制**

从操作上，可以选中东侧参照平面，进入【修改|参照平面】上下文功能选项卡，【修改】面板中用【镜像-拾取轴】工具，拾取"轴线 4"为对称轴，通过镜像复制来完成 [10.1.4.2] 中的操作，这样更简单。但是，在实际操作中，不断通过"定量"的方式来创建构件和图元，更容易对设计内容的尺度有所把握，并可以顺便对绘制成果进行校对（如是否因捕捉错误出现碎数等）。因此，如果用镜像复制的方法完成本步操作，仍建议对新绘制的参照平面与相邻轴线的间距进行标注，以便校对。

55 两个柱间等分的参照平面其实与之前创建的用于定位 H 型钢梁的参照平面是重合的。是否令幕墙竖梃的定位与居中的 H 型钢梁共享同一个参照平面，取决于不同的建筑师对设计的判断以及管理图元的逻辑。

10.1 幕墙定位（参照平面）

10.1.1 定位原则：

10.1.1.1 柱间竖梃：分别居于两条轴线（柱）间的等分中点。

10.1.1.2 转角竖梃：保证建筑围护主体两侧对称。

10.1.1.3 东侧竖梃：两组竖梃将东立面分成三部分，依据对实测图纸中数据的换算和取整，令中间部分宽 2940 mm，两侧分别为 2900 mm。53

10.1.1.4 西侧竖梃：西侧比较特殊，因为幕墙中插入了入口门，所以既不等分也不居中，我们并没有得到准确的数据，参考门洞与地砖的位置关系，姑且将三段尺寸估算出来，从北向南分别为 3455 mm、2135 mm 和 3150 mm。

10.1.2 [步骤] 创建"幕墙定位"的参照平面子类别：

10.1.2.1 [步骤] 点选【建筑】功能选项卡|【工作平面】面板|【参照平面】工具，进入【修改|放置 参照平面】上下文功能选项卡。

10.1.2.2 [步骤] 在【修改|放置 参照平面】上下文功能选项卡|【子类别】面板|【子类别】下拉菜单中可以看到之前创建的"地形定位""结构定位"子类别；点击末行的"< 创建新子类别 >"，弹出【对象样式】对话框及【新子类别】对话框。

10.1.2.3 [步骤] 在【新子类别】对话框中键入新子类别名称如"幕墙定位"；可在【对象样式】对话框中进一步设置子类别中参照平面的颜色及线型图案。

10.1.3 [步骤] 进入"室内楼层"平面视图。

10.1.4 [步骤] 定位端头：

10.1.4.1 [步骤] 点击【建筑】功能选项卡|【工作平面】面板|【参照平面】工具，在【修改|放置 参照平面】上下文功能选项卡|【子类别】面板|【子类别】工具的下拉菜单中选择设置好的"幕墙定位"。

10.1.4.2 [步骤] 依据东侧（南立面右侧）槽钢梁，捕捉外沿边界放置参照平面；用快速访问工具栏中的【对齐尺寸标注】工具标注槽钢外沿处参照平面与"轴线 5"间的间距（1725 mm）；以相同的间距在"轴线 3"西侧（平面视图之左侧）做参照平面。54

10.1.5 [步骤] 定位柱间竖梃：参考 [8.2.3] 中的步骤——在"轴线 3"与"轴线 4"之间及"轴线 4"与"轴线 5"之间分别放置一个参照平面，并标注新放置的参照平面与其两侧轴线的间距，选中标注并点击【EQ】标志令其居中。55

10.1.6 [步骤] 如法，依据 [10.1.1.3] 和 [10.1.1.4] 步中的定位，分别为东、西两面幕墙创建竖梃定位参照平面。

10.1.7 注意：新创建的参照平面依照 [10.1.2] 步中的操作定义其子类别，如创建时忘记归类，也可以在

创建完成后选中欲归类的参照平面，在【修改 | 放置 参照平面】上下文功能选项卡中的【子类别】工具下拉菜单中选择子类别。

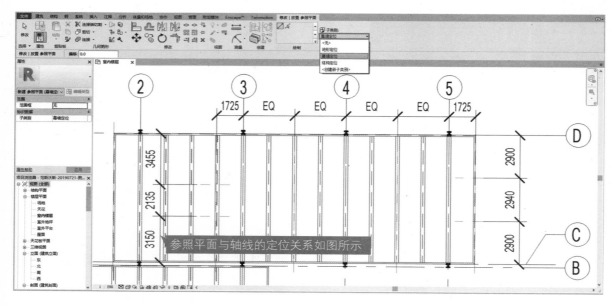

图 10.1　定位幕墙参照平面

10.2　关于内建模型与模型组

10.2.1 [原理] 内建模型

当项目中遇到需要快速创建，重复程度较低的图元时，会选用【内建模型】这一种创建方式。常用来创建非标的构造连接件、自定义的家具等。

内建模型创建需要选择对应的构件分类，即指定【族类别】信息，并设定相应的材质参数。

【拉伸】和【放样】两种方式搭配空心剪切的组合能满足大部分常规形状的创建，需要注意的是，形体创建完成后，若非有明确的对齐需求，则点击【取消关联工作平面】$\boxed{\square_\text{A}}$（如图 10.5 所示），方便后面对其进行移动复制等调整操作。

10.2.2 [原理] 模型组

模型组可以将项目中重复的构件进行关联，方便统一调整。

常用来控制需要统一修改的重复常规模型，或者用于塔楼标准层的创建及修改。

有两种创建模型组的方式：一是对图元进行阵列，会自动将图元成组；另一种方式，对选中图元执行【创建组】操作，较为常用。创建组操作须在指定【组名称】时写入主要的特征描述（如类型名称、控制数据等），方便图元的统一控制。

对模型组的位置调整一般会用移动、复制或者在属性面板中设置标高、偏移量的方式。尽量不采用镜像，容易导致镜像后的组内图元的相对位置发生错误。

10.3 创建幕墙方钢框架连接件中的柱位竖向钢件

10.3.1 与第 9 章创建的角钢连接件相交接的是一组由方钢构成的矩形框架，而玻璃幕墙则嵌在这组矩形框架之内；接下来，我们先创建框架中的竖向钢件，因为竖向钢件直接反映了框架与角钢连接件的交接关系。

10.3.2 [步骤] 在【建筑】功能选项卡 |【构建】面板 |【构件】工具的下拉菜单下选择【内建模型】；弹出【族类别和族参数】对话框；在【族类别】菜单中选择"常规模型"，按【确定】；弹出【名称】对话框，名称栏中显示默认名"常规模型 1"，按确定进入【创建】功能选项卡，绘制区域进入编辑模式。

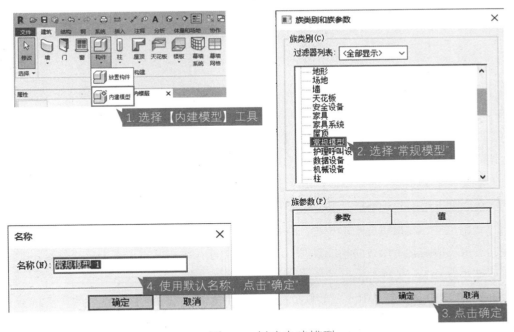

图 10.2　创建内建模型

10.3.3 [步骤] 设置工作平面：点击【创建】功能选项卡 |【工作平面】面板 |【设置】工具；弹出【工作平面】对话框，在【指定新的工作平面】单选框中点选【拾取一个平面】；按【确定】完成设置，回到绘制区域。⑤

10.3.4 [步骤] 选择工作平面：从快速访问工具栏的【默认三维视图】工具进入三维视图，将鼠标光标放在槽钢圈梁位置上，通过 Tab 键切换选择令槽钢上表面激活，单击选择将其作为工作平面。这样我们接下来所创建的拉伸形体就会基于选定的工作平面生成。

⑤ 在切换视图的过程中，绘制区域将始终保持在编辑模式下。

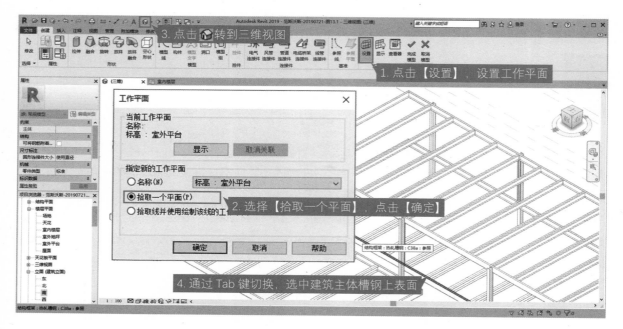

图 10.3　设置内建模型工作平面

10.3.5 [步骤] 回到"室内楼层"平面视图，准备绘制。⑤

10.3.6 [步骤] 创建截面形：

　　10.3.6.1 [步骤] 点选【创建】功能选项卡 | 【形状】面板 | 【拉伸】工具；进入【修改 | 创建拉伸】上下文功能选项卡，点击【工作平面】面板 | 【设置】工具，重复 [10.3.3] 和 [10.3.4] 的设置。

　　10.3.6.2 [步骤] 在【修改 | 创建拉伸】上下文功能选项卡的【绘制】面板中点选【矩形】工具；在角钢连接件附近绘制一个矩形，双击 ESC 键结束绘制。

10.3.7 [步骤] 调整尺寸：左键点选矩形短边，则在长边上显示长边测量尺寸（其实此长边即短边的间距），同理，点击长边则显示短边的测量数据，尺寸数据处于可编辑状态；点击尺寸数据并键入准确数值，令矩形尺寸为 50 mm×25 mm。

10.3.8 平面定位：在这个交接节点中，矩形截面长边中点距角钢连接件与 H 型钢柱的交接面 38 mm，并与角钢面平接。

10.3.9 [步骤] 调整位置：将鼠标光标悬停在矩形截面上，通过 Tab 键切换激活单线与激活整个矩形框（默认状态是激活单线，如 [10.3.7] 步中就是如此），激活整个矩形框并左键选中编辑；综合运用【修改 | 创建拉伸】上下文功能选项卡 | 【修改】面板 | 【移动】工具，捕捉关键点和输入移动数据，通过多次移动将矩形截面放置在准确的位置；并可通过标注工具或测量工具来检查是否准确。

10.3.10 [步骤] 勾选【修改 | 创建拉伸】上下文功能选项卡 | 【模式】面板 | 【完成编辑模式】，完

⑤⑧ 通过【默认三维视图】工具进入三维视图检查模型，可以看到刚刚创建的模型体量，其底面与槽钢圈梁上表面取齐，这是 [[10.3.3]、[10.3.4] 设置工作平面的结果——令构件底边在创建时就定位在正确的位置。这一步操作带来一些便利，但并不是创建构件的必要操作，抑或者选择了错误的工作平面，都没有关系，因为后面还有精确定位构件的环节。

⑤⑨ **取消关联工作平面**

取消与工作平面的关联，令后续自由旋转、复制等各类操作不受关联的影响。此时，【属性】选项卡｜【约束】部分｜【工作平面】栏中显示"不关联"，且此栏成灰色的不可选中状态。

成编辑并退出编辑模式。⑤⑧

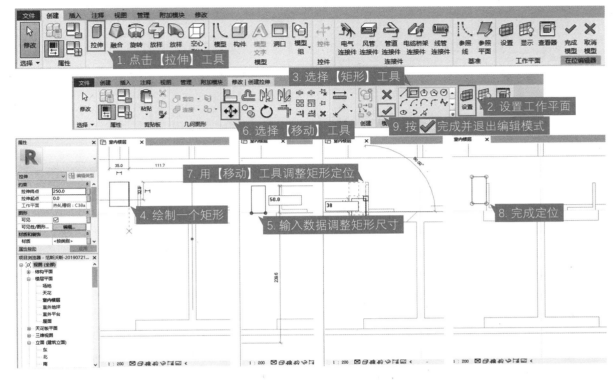

图 10.4　创建截面形

10.3.11 [步骤] 这时截面中心显示一个引出标记，为【取消关联工作平面】，单击标记取消该构件模型与工作平面（[10.3.4] 中选择的工作平面）的关联。⑤⑨

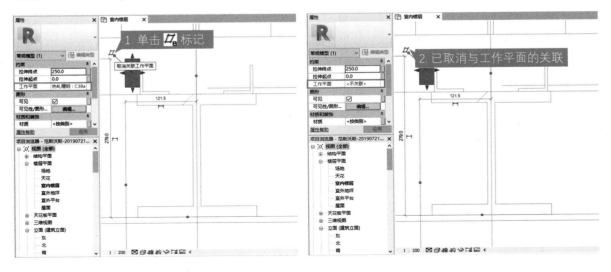

图 10.5　取消关联工作平面

10.3.12 [步骤] 设置材质：

10.3.12.1 [步骤] 点击【修改 | 拉伸】上下文功能选项卡 |【属性】面板 |【族类型】工具，弹出【族类型】对话框。

10.3.12.2 [步骤] 在对话框左下方点击【新建参数】工具，弹出【参数属性】对话框；在【参数数据】部分中的【参数类型 (T)】下拉菜单中选择 "材质"，在【名称】栏中键入参数名称如 "钢"，按【确定】返回【族类型】对话框。

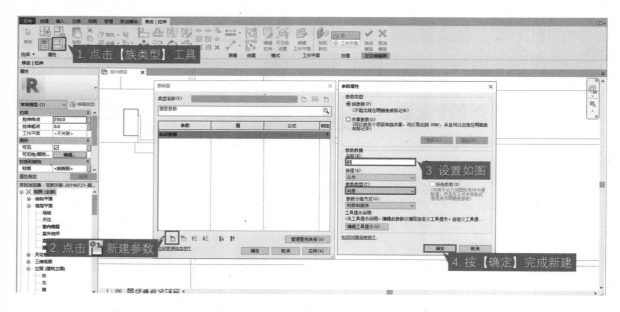

图 10.6　新建族类型参数

10.3.12.3 [步骤]【族类型】对话框的参数菜单中出现【参数】栏为 "钢" 的参数行，在【值】栏中显示 "< 按类别 >"；左键进入【值】参数栏，右侧显示 ⋯ 小按钮，点击按钮进入【材质浏览器】。

10.3.12.4 在【材质浏览器】的【项目材质】菜单左下角 ⊕ ▾ 标志右侧下拉菜单中选择【新建材质】，新建一个材质。

10.3.12.5 新建材质的默认命名为 "默认为新材质"，在该材质名处右键并选择【重命名】，将材质命名为 "钢 - 白漆"。

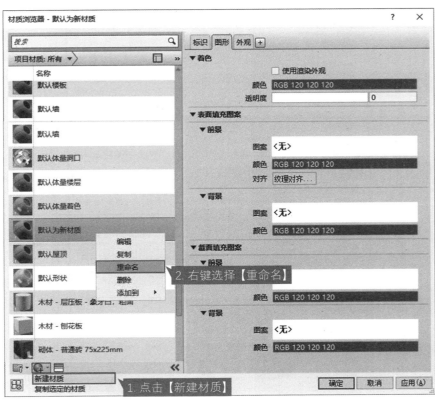

图 10.7　新建并重命名项目材质

10.3.12.6 [步骤] 点击材质右侧的【外观】选项卡，点击【替换此资源】 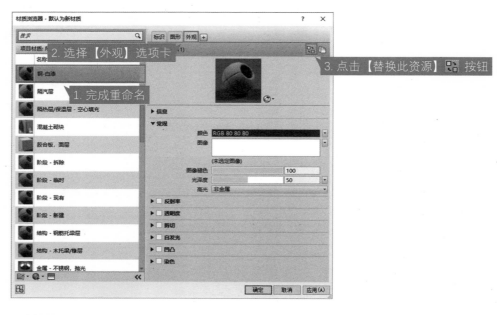 按钮，为钢材选择合适的渲染材质。在弹出的材质【资源浏览器】中，【外观库】展开目录中选择【金属漆】，在右侧众多金属漆材质中选择【反射 - 白色】，点击最右侧的 按钮，将此材质资源应用到"钢 - 白漆"的渲染外观设置中。⑥

⑥ **关于共享材质外观资源**

　　通常在新建一种材质时，默认外观名称为"常规"，前面手掌托着一个数字，代表此外观资源与对应数量的材质共享，这种关联方便快速管理应用了同样外观的材质，在修改外观时可以联动修改。后面的括号中为一个数字，代表这是第 X+1 个同样名称的外观，这个数字只是系统为了解决外观具有同样名称而设置不一样的情况，实际操作时可以不去管理。

　　如：常规(11)，即此时设置的外观仅对本材质有效，没有与本材质共享外观设置的其他材质。而这个名为"常规"的外观，是第 12 个出现的同名外观。此处我们需要对"钢 - 白漆"材质单独设置外观，共享外观资源为 0 是正确的，可直接点【替换此资源】 来设置本材质的外观。

　　如果我们在项目过程中是通过复制而不是新建的方式来创建材质，复制的材质会默认与原材质共享外观资源，若需要单独设置复制材质的外观，则须先点击【复制此资源】 确保共享资源为 0，再点【替换此资源】 来设置材质外观。

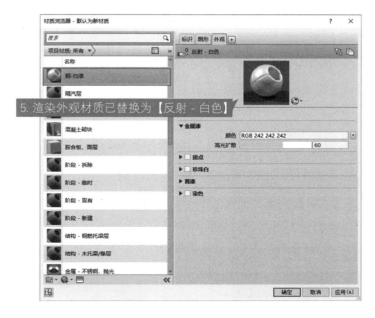

图 10.8 在【外观】选项卡中设置渲染外观材质

10.3.12.7 [步骤] 回到【图形】选项卡，在【着色】面板中勾选【使用渲染外观】，令使用该材质的构件在【着色】显示模式下，显示其渲染外观的颜色。

10.3.12.8 [步骤] 点击【截面填充图案】|【前景】|【图案】右侧空白处，弹出【填充样式】窗口；下拉找到【金属 - 钢剖面】，按【确定】完成设置。

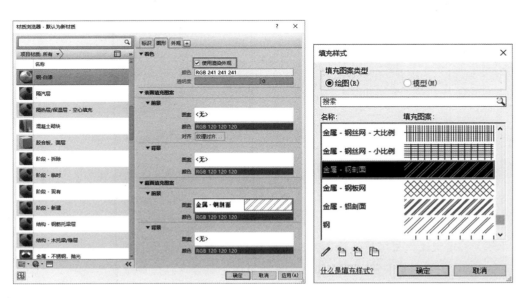

图 10.9 在【图形】选项卡中设置着色颜色与截面填充图案

10.3.12.9 [步骤] 确认左侧材质选择的是上述新建的"钢 - 白漆"，按【确定】完成材质设置。

10.3.13 [步骤] 调整构件高度：

10.3.13.1 [步骤] 进入【项目浏览器】|【视图】|【三维视图】中的"{3D}"视图；在【属性】选项板中的【范围】部分中勾选【剖面框】；在绘图区域里，出现一个矩形体即"剖面框"，在剖面框范围内是模型的可见部分，选中剖面框，6 个面上显示蓝色控制柄 ↕，拖曳控制柄可通过调整剖面框来截取模型的可见部分。⑥

10.3.13.2 [步骤] 拖曳剖面框控制柄，调整对模型的剖切，并旋转三维视图（详见 [8.2.6.1]），确定可以同时看到方钢构件与屋面槽钢的角度。

10.3.13.3 [步骤] 点选【修改】功能选项卡|【修改】面板|【对齐】工具；用鼠标光标配合 Tab 键切换选中槽钢圈梁底面作为对齐目标，选择方钢构件顶面作为对齐面完成对齐。

10.3.14 [步骤] 勾选【修改】功能选项卡|【在位编辑器】面板|【完成编辑】（√），退出编辑模式。

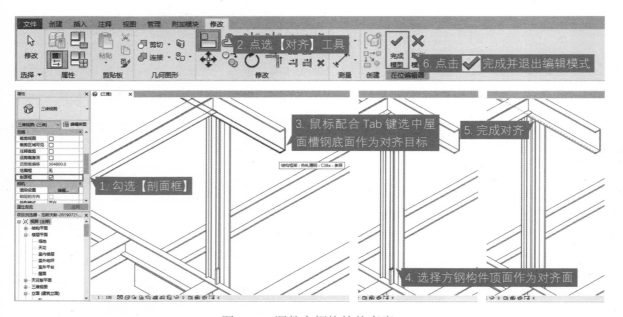

图 10.10 调整方钢构件的高度

10.3.15 [步骤] 成组：选择方钢构件；点选【修改 | 常规模型】上下文功能选项卡|【创建】面板|【创建组】工具，弹出【创建模型组】对话框；在【名称】栏中键入模型组名称如"幕墙连接件 -50×25- 竖向"；按【确定】完成。

10.3.16 [原理] 构件创建模型组后，经复制、镜像等操作后生成的其他相同模型组的模型构件，在其中一个修改时，属于同名模型组的其他模型构件也会同步被修改。模型组可以添加多个模型构件，也可以只包含单个模型构件。在本例中，由于各个柱位的竖向连接件都是同一规格，所以尽管只有单个构件，仍然令其成组，以方便将来可能发生的统一修改。⑥

10.3.17 [步骤] 综合应用镜像、复制等工具，将该构件复制到其他同类位置。

⑥ **合理运用剖面框**

随着模型不断地深化，总体模型中的构件越来越多、空间和形体越来越复杂，想要在模型中选中和编辑构件遇到的干扰也随之增多。合理运用剖面框可以让操作界面变得更简洁，是实战应用中非常实用的技巧。

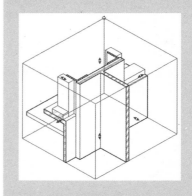

⑥ **关于 Revit 中的模型组**

Revit 中的模型组，类似于 SketchUp 中组件的概念，项目中的同名模型组可以像组件一样，实现联动修改。

比 SketchUp 的组件功能更加便捷的是，在 Revit 中成组后，可以在编辑模式下，通过【编辑组】面板中的【添加】工具，将组外构件添加到组内，或是通过【删除】工具，将组内构件排除出组外，无须解组。

可以通过属性面板的类型选择器，轻松完成不同组之间的替换、基于已有组新建组（复制类型）。

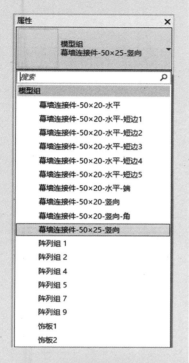

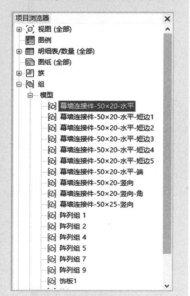

SketchUp 中有专门的组件窗口可以预览模型中的所有组件，而在 Revit 中，可以通过属性面板的类型选择器进行预览，也可以在【项目浏览器】|【组】|【模型】中找到。这也是对模型组类型进行删除操作的界面。

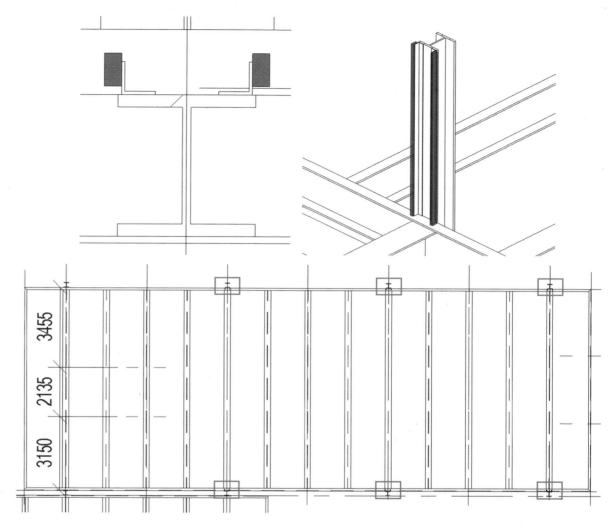

图 10.11　放置了角钢的 6 处都要放置该方钢构件

10.4　创建幕墙方钢框架连接件中的柱间竖向钢件

10.4.1 幕墙方钢框架连接件中的柱间竖向钢件，截面尺寸为 50 mm×20 mm，位置在柱间中点；由于截面长边与柱位竖向钢件同为 50 mm，所以它们在水平方向是对齐的，最终将于水平钢件共同构成封闭框。

10.4.2 [步骤] 选中一个 [10.3] 步中创建的柱位竖向钢件，进入【修改 | 模型组】上下文功能选项卡；用【修改 | 模型组】上下文功能选项卡 |【修改】面板 |【复制】工具，因为柱间钢件与柱位钢件在水平方

向上是对齐的，所以可在选项栏中勾选【约束】，这样捕捉参照平面即可精确确定其位置；将钢件复制到 [10.1] 步中放置的柱间参照平面的相应位置。

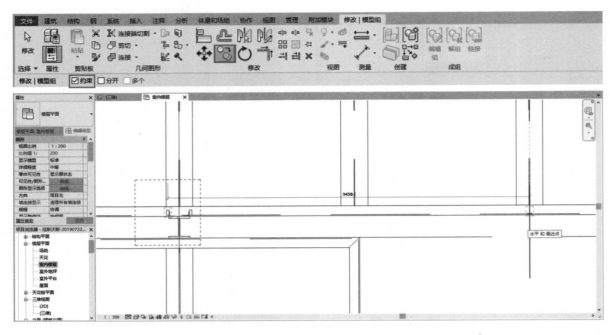

图 10.12　复制模型组

10.4.3 [步骤] 选中刚刚复制的竖向钢件；在【属性】选项板中点击【编辑类型】按钮，弹出【类型属性】对话框；点击【复制】来复制一个新类型，作为柱间竖向钢件的类型，在弹出的【名称】对话框的【名称】栏中键入新类型名称，如"幕墙连接件 -50×20- 竖向"。

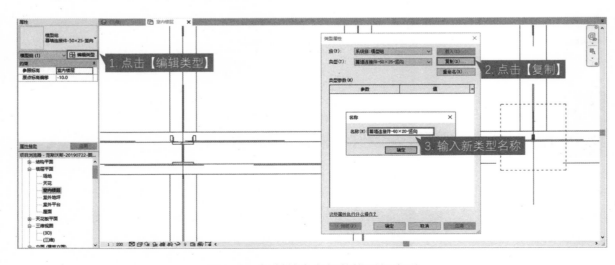

图 10.13　复制并命名新的模型组类型

㊷ 关于编辑模式

　　在模型组中编辑单体构件，从单体构件中编辑轮廓与边的放样关系，以及从轮廓中编辑构成轮廓的线型，这些都是在编辑模式下完成的，在这里，就出现了针对不同编辑对象的多重编辑模式的嵌套，我们需要编辑哪个对象，就进入针对它的编辑模式修改它。

　　除了像正文中那样从功能区选择编辑工具以外，也可以通过双击来进入编辑模式，在本例中，就需要连续双击编辑对象，直至进入编辑轮廓形状的界面。

10.4.4 [步骤] 综合运用复制、镜像、移动等工具，将构件复制并放置在其他柱间相应的位置（由 [10.1] 步中创建的参照平面定位）。

10.4.5 [步骤] 修改截面尺寸：

10.4.5.1 [步骤] 选中方钢钢件；点击【修改 | 模型组】上下文功能选项卡 | 【成组】面板 | 【编辑组】工具（或双击模型组），绘制区域编辑模式。

图 10.14　编辑组

10.4.5.2 [步骤] 在编辑模式中选中方钢常规模型，点击【修改 | 常规模型】上下文功能选项卡 | 【模型】面板 | 【在位编辑】工具（或双击常规模型）。

图 10.15　在位编辑常规模型

10.4.5.3 [步骤] 在编辑模式中选中方钢拉伸实体，点击【修改 | 拉伸】上下文功能选项卡 | 【模式】面板 | 【编辑拉伸】工具，进入编辑拉伸的编辑模式，构件矩形截面边框变成粉色，每个边可被单独选中和编辑。㊷

图 10.16　编辑拉伸

10.4.5.4 [步骤] 通过修改各边之间的尺寸数据或通过【修改 | 编辑拉伸】上下文功能选项卡 | 【修改】面板 | 【移动】工具来移动各边至正确的位置，将截面矩形的尺寸修改为 50 mm × 20 mm。

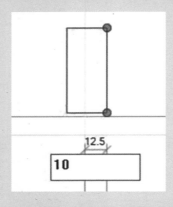

图 10.17 通过【移动】工具修改截面矩形尺寸

⑥ 原设计中转角钢件短边与幕墙外沿净距约 40 mm，根据 [10.4.1] 中阐释的原则，为了简化做法，令矩形截面从顶角斜切，则调整净距为 43 mm。

10.4.6 [步骤] 勾选【修改｜编辑拉伸】上下文功能选项卡｜【模式】面板｜【完成编辑模式】（√），进入【修改｜拉伸】上下文功能选项卡；在【在位编辑器】面板中勾选【完成模型】（√）；在【编辑组】面板中勾选【完成】（√）；完成修改。

10.4.7 在平面视图中检视其他柱间竖向钢件的截面尺寸，则发现所有模型组名为"幕墙连接件 -50×20-竖向"的构件都已同步修改。参考 [10.3.16] 中的原理阐释，可以理解模型组的意义。

10.5 创建幕墙方钢框架连接件中的转角竖向钢件 ❽

10.5.1 由于本册的教学目标以入门体验和尝试基本功能为主，陷入复杂的细节或者涉及高阶的操作都会给学习带来困扰。所以我们在这里姑且将此处的竖向连接件简化成两个 50 mm×20 mm 的矩形截面的方钢（与柱间竖向钢件相同规格）在转角处成 90°交叠而成的形状，以在保障名作外观的前提下简化建模步骤。

10.5.2 [步骤] 复制 [10.4] 步中创建的柱间竖向钢件至转角处：

10.5.2.1 [步骤] 选中柱间竖向钢件，进入【修改｜模型组】上下文功能选项卡；在【修改】面板中选择【复制】工具，在选项栏勾选【约束】（因为水平方向是对齐的）。

10.5.2.2 [步骤] 捕捉钢件截面左边线并单击作为复制起点，捕捉 [10.1] 步中放置的建筑主体西侧围护外沿参照平面，令复制的构件与之对齐。

10.5.2.3 [步骤] 转角钢件与幕墙外沿净距为 40 mm，用【修改｜模型组】上下文功能选项卡｜【修改】面板｜【移动】工具，将构件向右移动 40 mm。⑥

⑧[赏析]范斯沃斯住宅的玻璃幕墙边框并不是成品框,而是用矩形钢件夹在玻璃两侧构成的。在转角处,内侧的矩形钢件该如何交接? 当然,密斯可以选择更简单的方式,即令边框钢件完整的成对顶角布置。

但如果这样,会导致两个问题:其一,令转角构造尺寸偏大,因为密斯显然希望幕墙构造尽可能纤细,以令幕墙构造明显区分于承重结构而在表现里退居次席;其二,内侧边框顶角处出现缺口。

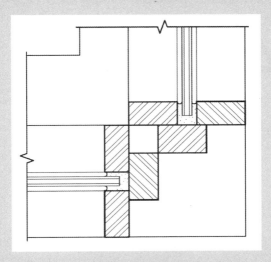

图 10.18 边框钢件完整成对顶角布置的情况

基于上述问题,密斯设计了一个非常特殊的构造组合:在内转角处用一根方钢来取代边框中靠内侧的矩形钢件,这样就缩短了幕墙边框间的交接间距(也就意味着削减了转角构造的截面尺寸),同时还令内部转角获得一个简洁、完整的直角交接。

但是,这样的设计也令施工工艺付出了不小的代价:幕墙的竖向连接件本来是矩形钢件,但因为转角处的交接间距缩小了,故而两个方向的连接件的位置发生了重叠,密斯不惜切割钢件来实现这个构造,不止将钢件截面截短,还要在交叠位置用45°的斜切口令两个钢件紧密连接。

最终这个节点看起来是简单而标准的,但其实从材料到工艺其实都复杂且非标。密斯的名言:"少就是多"(Less is more),这个节点或可作为注脚吧。

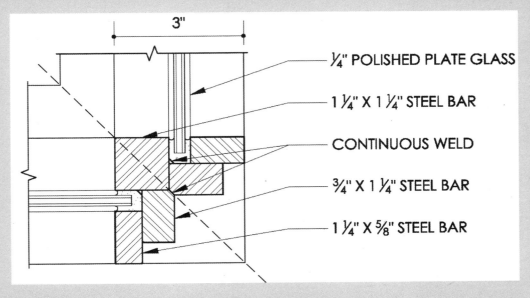

图 10.19 范斯沃斯实测转角详图

左图源自:美国国会图书馆 https://www.loc.gov/item/ilo323

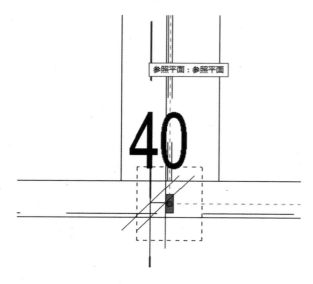

图 10.20　转角竖向钢件定位

10.5.3 [步骤] 参考 [10.4.3] 步的操作，为转角竖向钢件复制并创建一个名为"幕墙连接件 -50×20- 竖向 - 角"的新类型。

10.5.4 [步骤] 镜像截面形：选中钢件，进入【修改 | 常规模型】上下文功能选项卡；在【修改】面板中选择【镜像 - 绘制轴】工具，在选项栏勾选【复制】，以西侧围护外沿参照平面与南侧槽钢圈梁外沿交点为对称轴起点，移动鼠标至 45°（系统会在接近 45°时自动捕捉角度）绘制对称轴，镜像复制钢件。

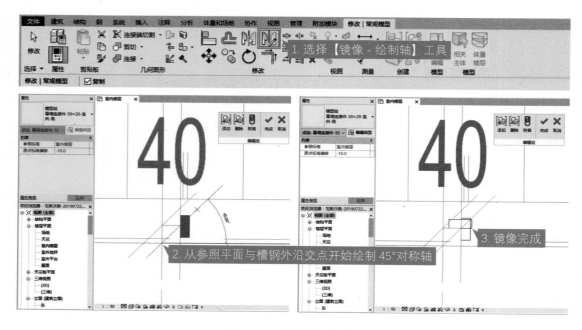

图 10.21　镜像截面形

10.5.5 [步骤] 编辑截面形: 参考 [10.4.5] 步操作, 进入编辑拉伸的编辑模式, 构件矩形截面边框变成粉色, 每个边可被单独选中和编辑; 用【修改 | 编辑拉伸】上下文功能选项卡 |【绘制】面板 |【直线】工具, 连接两个交叠截面的斜切交界线; 用【修改 | 编辑拉伸】上下文功能选项卡 |【修改】面板 |【修剪 / 延伸为角】工具, 修剪斜切线两端的边, 形成斜切后的竖向钢件截面, 并删除多余线; 如 [10.4.6] 步操作, 逐级勾选【完成】, 直至退出编辑模式, 完成截面修改。

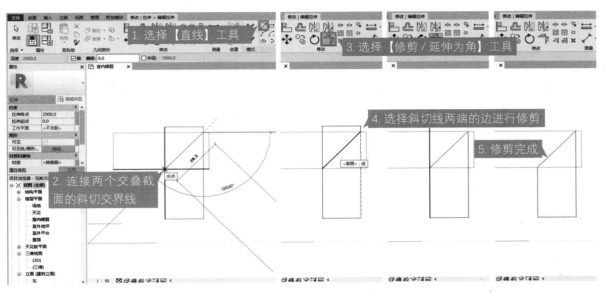

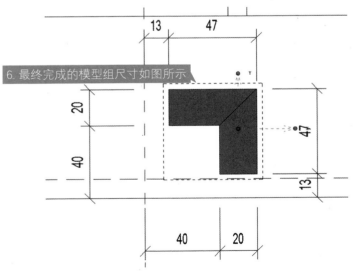

图 10.22 编辑截面形

10.5.6 [步骤] 综合运用镜像、复制等工具，令该构件以正确的朝向和位置分布于建筑围护的四个转角。

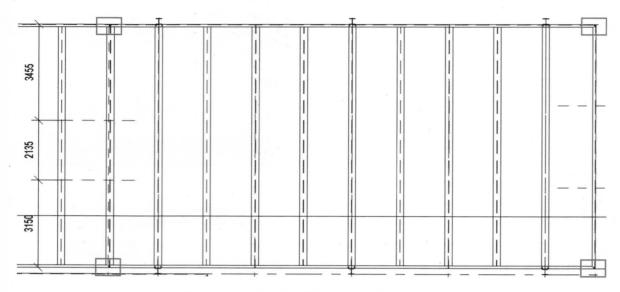

图 10.23 完成建筑围护四个转角的构件定位

10.6 创建短边幕墙方钢框架连接件中的竖向钢件

10.6.1 短边幕墙上的竖向钢件的规格与柱间幕墙竖向钢件的完全相同，所以不需要创建新类型，直接复制柱间幕墙竖向钢件即可。

10.6.2 [步骤] 综合运用复制、旋转、移动等工具，依据 [10.1] 步中放置的定位参照平面，将竖向钢件复制到两个短边，并调整至正确的方向（【旋转】工具）和位置（【移动】工具）。

10.6.3【旋转】工具的操作要点：选中旋转对象；在【修改】面板中点选【旋转】工具；从旋转对象上出现一条从其中心出发的参照线，随着鼠标移动可选择旋转的基准线，在理想的角度上单击左键确定基准线；此时移动鼠标，旋转对象会跟随基准线旋转，在旋转至目标角度时（在旋转至 90°、45°等特殊角度时自动捕捉）再次单击左键，完成旋转。

⑥ 复制剖切与如 [8.2.5] 步创建
剖面的效果是一样的，通常，
如果已经创建了剖切方向与投
影方向都相同的剖面，用复制
创建下一个是更简单的。

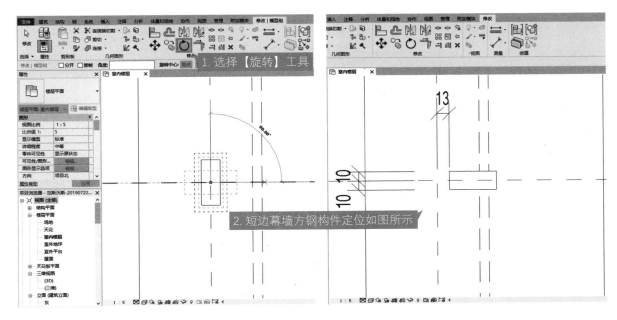

图 10.24　旋转完成短边幕墙方钢构件定位

10.7　创建幕墙方钢框架连接件中的水平钢件

10.7.1 框架连接件中的水平钢件截面都是 50 mm×20 mm 的统一规格，它们与截面高度同为 50 mm 的
竖向钢件构成围合的框架，后面步骤中创建的玻璃幕墙都卡在框架之内。

10.7.2 [步骤] 复制一个剖面：进入"室内楼层"平面视图；选中 [8.2.5] 步创建的"剖面 1"剖切符号，
点击【修改 | 视图】上下文功能选项卡 |【修改】面板 |【复制】工具，将剖切符号复制到可以剖到
幕墙的位置；剖面自动命名为"剖面 3"，并在【项目浏览器】中自动生成"剖面 3"视图；拖曳剖
切线两端的控制柄，调整剖切的范围，令其刚好横剖带幕墙的建筑主体范围。⑥

10.7.3 [步骤] 复制一个钢件：选中离"剖面 3"投影方向最近的一个柱间竖向钢件；用【修改 | 模型组】
上下文功能选项卡 |【修改】面板 |【复制】工具，在选项栏中勾选【约束】，向水平方向（靠近"剖
面 3"剖切线的一边，这样在"剖面 3"视图中所见的竖向钢件，就是刚复制的钢件，方便后续操作）
复制一个钢件。

10.7.4 [步骤] 新建类型：选中新复制的钢件，点击【属性】选项板中的【编辑类型】按钮，弹出【类
型属性】对话框；点击【复制】复制一个类型，在【名称】对话框中的【名称】栏中键入类型名称如"幕
墙连接件 -50×20- 水平"；逐层按【确定】完成类型创建并退出【类型属性】对话框。

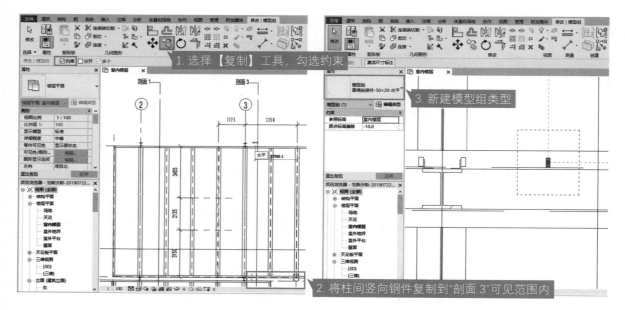

图 10.25 复制柱间竖向钢件并新建模型组类型

10.7.5 [步骤] 修改模型组：

10.7.5.1 [步骤] 进入"剖面 3"视图, 选中左侧的竖向钢件 (在【属性】选项板中确认其类型名为"幕墙连接件 -50×20- 水平") 。

10.7.5.2 [步骤] 点击【修改 | 模型组】上下文功能选项卡 | 【成组】面板 | 【编辑组】工具 (或双击构件) , 绘制区域进入编辑模式。

10.7.5.3 [步骤] 在编辑模式中选中竖向钢件的常规模型, 点击【修改 | 常规模型】 | 【模型】面板 | 【在位编辑器】工具。

10.7.5.4 此时可以在"幕墙连接件 -50×20- 水平"模型组中创建新的构件。

10.7.5.5 [步骤] 删除 [10.7.3] 中复制的竖向钢件。⑥⑥

⑥⑥ 从 [10.7.3] 步复制钢件的意图并不是应用这个被复制的构件，而是借用它的类型（模型组），以便在 [10.7.4] 步通过复制来创建一个参数相同的新类型（模型组）；在正式创建水平钢件之前，要把之前复制的竖向钢件删除，否则竖向钢件会与新创建的水平钢件编入同一个模型组，无法被单独删除。

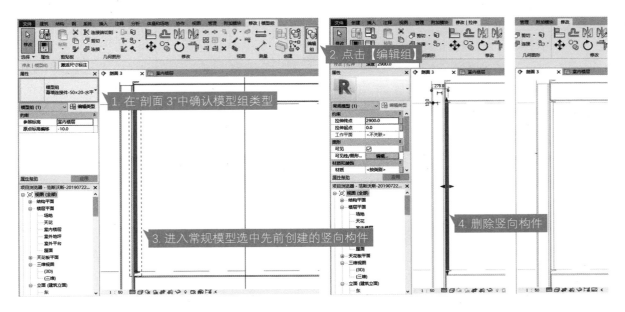

图 10.26　删除模型组中常规模型中的拉伸

10.7.6 [步骤] 绘制截面：

10.7.6.1 [步骤] 点击【创建】功能选项卡 |【形状】面板 |【拉伸】工具，弹出【工作平面】对话框，在【指定新的工作平面】单选框中勾选"拾取一个平面"选项，按【确定】完成选择。

10.7.6.2 [步骤] 点选拾取一个构件上的平面（可随意拾取剖面中看到的一个平面，如拾取刚刚复制的纵向钢件，创建完成后仍可编辑）。

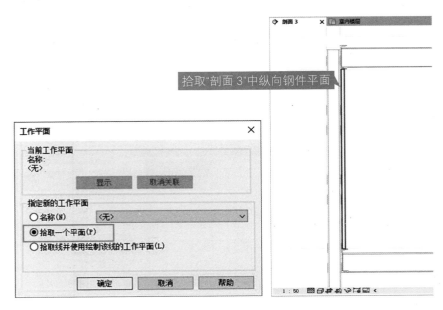

图 10.27　拾取"剖面 3"中纵向钢件平面作为工作平面

10.7.6.3 [步骤] 用【修改丨创建拉伸】上下文功能选项卡丨【绘制】面板丨【矩形】工具绘制一个矩形截面，捕捉纵向钢件的左下角与右侧边上某点。

10.7.6.4 [步骤] 点选长边，激活短边上的尺寸数据，并输入"20"（由于长边由捕捉确定，故已经是 50 mm）。

10.7.6.5 [步骤] 完成截面绘制。

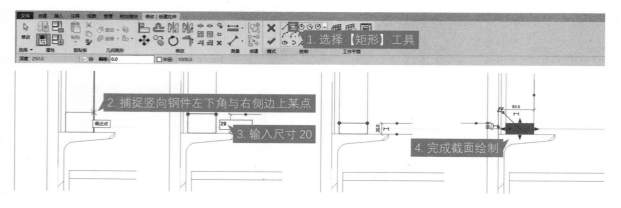

图 10.28 绘制截面并完成拉伸

10.7.7 [步骤] 关联材质参数：⑥⑦

10.7.7.1 [步骤] 点击【属性】选项板丨【材质和装饰】栏右侧的小按钮（鼠标悬停在按钮上显示"关联族参数"），弹出【关联族参数】对话框。

13.7.7.2 [步骤] 在菜单中选择"钢"；按【确定】完成关联。

13.7.7.3 此时【属性】选项板丨【材质和装饰】栏中的信息为灰色的不可激活状态，材质信息为"钢 - 白漆"。

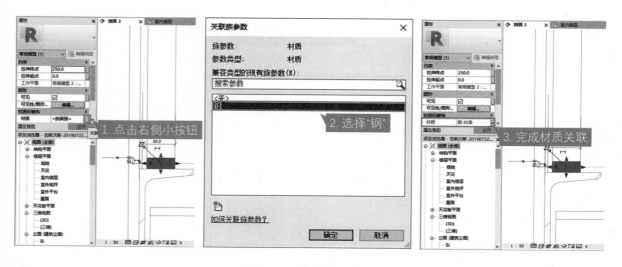

图 10.29 关联材质参数

⑥⑦ **关于材质参数**

对于可载入族（如梁、柱、门、窗、常规模型等），可自己选择设置材质参数为类型属性或实例属性，分别用于按族类型应用材质或按单个图元应用材质，我们可以在项目中根据具体需求来设置。

我们推荐用类型属性的方式管理可载入构件族的材质参数，用不同的族类型来控制该类型下的材质参数。（本案例载入了系统族库自带的钢梁、钢柱，材质参数为实例属性，我们没有对族中的材质参数进行修改。）

如果材质是实例参数，在实例属性栏"材质和装饰"栏，找到材质参数进行设置。

如果材质是类型参数，【类型属性】对话框的"材质和装饰"栏，找到材质参数进行设置。

对于系统族（如墙、楼板、楼梯、地形等），不同的族应用材质的方式会根据系统族的特性而有所不同。如墙和楼板的材质，在【类型属性】对话框"构造"栏的"结构"属性中，须点开"编辑"进行设置。楼梯的材质，在"类型属性"对话框"构造"栏的"梯段类型""平台类型"属性中，须点开对应属性进行设置。而地形材质就在实例属性栏中进行设置。

对于内建族（如内建常规模型、内建体量等），可增加材质参数为类型属性或实例属性，也可以直接应用材质而不设置材质参数。若采用直接应用材质的方式，修改材质时须进入族编辑模式进行修改。本案例中的内建常规模型族，我们将材质参数设置为类型属性。

⑱如 [10.2] 中所阐释的原理，有相同模型组属性的构件在做任何修改时都会同步修改，这给设计中的模型管理带来了极大的便利；但同时，这也要求我们为每一类有所差别的构件单独创建类型（模型组）。因此在后面涉及内建模型的操作里，我们会为不同规格的构件分别创建类型，这样的操作初看起来有点麻烦，但是对于模型的管理以及未来可能发生的编辑修改，却是非常便利和高效的。

10.7.8 [步骤] 逐层勾选【完成】（√）完成编辑并退出编辑模式。

10.7.9 [步骤] 调整水平钢件长度：

　　10.7.9.1 [步骤] 进入"{ 三维 }"视图，可见水平钢件为在准确截面下的一个默认长度。

　　10.7.9.2 [步骤] 选中水平钢件，点击【修改 | 模型组】上下文功能选项卡 |【成组】面板 |【编辑组】工具（或双击构件），进入编辑模式，选中水平钢件的常规模型，进入【修改 | 常规模型】上下文功能选项卡，在【修改】面板中选择【对齐】工具。

　　10.7.9.3 [步骤] 点选另一侧竖向钢件表面作为对齐目标，点选水平钢件端面作为修改对象，完成对齐；此时，水平钢件与两端的竖向钢件取齐。

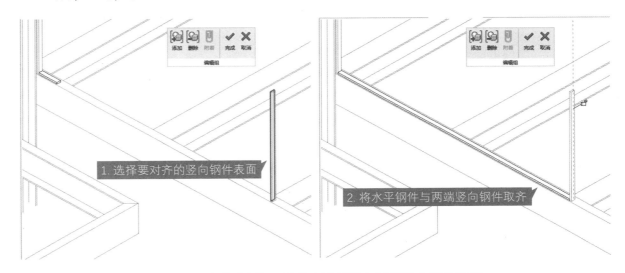

图 10.30　用【对齐】工具将水平钢件与两端竖向钢件取齐

10.7.10 [步骤] 选中水平钢件；用【修改 | 模型组】上下文功能选项卡 |【修改】面板 |【复制】工具，在选项栏中勾选【约束】和【多个】；捕捉关键点将水平钢件复制到其他相应的位置。

10.7.11 建筑主体长边上柱间的水平钢件的长度都是相同的，但两侧的要短很多，会发现复制到端头的水平钢件过长，需要调整长度。

10.7.12 [步骤] 创建新类型：选中欲编辑的水平钢件；从【属性】选项板点击【编辑类型】按钮，弹出【类型属性】对话框；点击【复制】复制一个新类型（模型组），在【名称】对话框中键入名称如"幕墙连接件 -50×20- 水平 - 端"。⑱

10.7.13 [步骤] 修改长度：选中欲编辑的水平钢件；点击【修改 | 模型组】上下文功能选项卡 |【成组】面板 |【编辑组】工具（或双击构件），进入编辑模型组的编辑模式；选中模型组中的常规模型构件，拖曳常规模型超出长度一端的造型操纵柄调整其长度，捕捉与竖向钢件的相应点对齐；勾选【修改 | 常规模型】上下文功能选项卡 |【模型组】面板 |【完成】（√），完成修改。

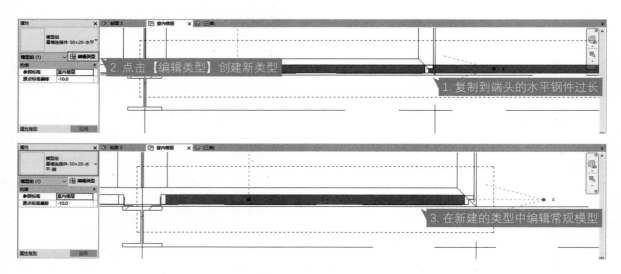

图 10.31　新建模型组类型并修改端头水平钢件长度

10.7.14 [步骤] 建筑主体中，有 4 个（平面视图中可见的）长边端头位置都采用相同规格的水平钢件，综合运用复制、镜像等工具，将"幕墙连接件 -50×20- 水平 - 端"模型组的钢件复制到平面视图中其他相应的位置。

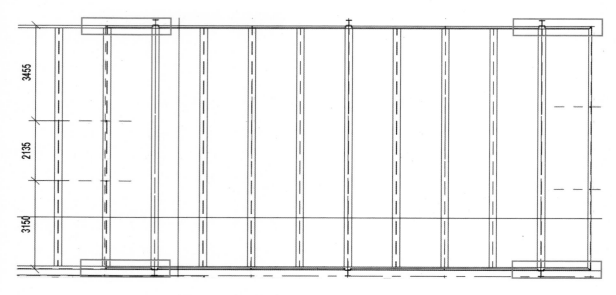

图 10.32　完成四个端头水平钢件模型组的定位

10.7.15 [步骤] 创建一个短边上的水平钢件：

    10.7.15.1 [步骤] 复制一个已创建的水平钢件。

    10.7.15.2 [步骤] 重复 [10.7.12] 步操作，为复制的钢件创建新类型（模型组）；命名如"幕墙连接件 -50×20- 水平 - 短边 1"。

⑥ 这里务必要记得为不同规格的钢件创建独立的模型组，由于在本例中，所有的规格是确定的，并不必要分类型批量调整，但在实际的设计推敲过程中，对规格类型的预判就显得非常重要。

　　不过，我们并不需要完全在创建之前就想清楚这些，在不考虑规格类型的前提下，甚至连成组都不是必需的（那样每一个模型构件就都不关联，可以各自被独立修改）。Revit 支持系统化的思考和操作，但并不苛求我们一定要以系统的方式工作，我们只需要用恰当的手段，随时把设计中已经梳理出来的系统化的逻辑写进模型里就可以了。

10.7.15.3 [步骤] 选中此钢件，点击【修改 | 模型组】功能选项卡 | 【修改】面板 | 【旋转】工具，出现从原点出发的一条随鼠标标靶旋转的参照线，捕捉端头中点并单击左键令参照线与构件平行；移动鼠标，构件随移动改变角度，在 90° 时自动捕捉停留，再次单击左键完成旋转（也可以通过输入 "90" 来代替第二次单击左键）。

10.7.16 [步骤] 使用移动工具通过捕捉将钢件一端放置在正确的位置；重复 [10.7.13] 步工作，修改钢件长度，使其两端与竖向钢件准确连接。

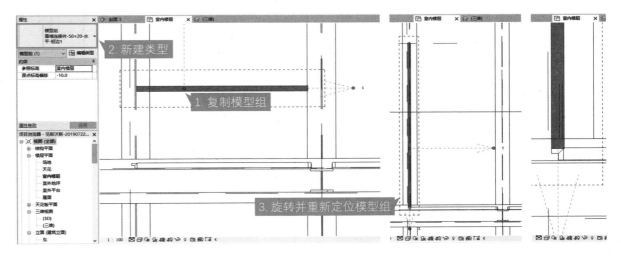

图 10.33　复制模型组、新建类型、定位并修改新的类型

10.7.17 [步骤] 重复 [10.7.12][10.7.13] 步操作，复制短边方向的水平钢件，并针对每个不同规格创建新类型（模型组），放置位置并修改长度。⑥

10.7.18 [步骤] 选中所有水平钢件，在 "剖面 3" 视图中，以水平钢件截面左上角为起点，将水平钢件向上复制到屋面槽钢圈梁底。

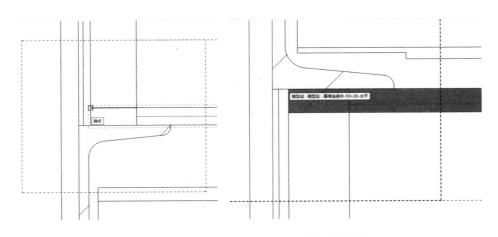

图 10.34　复制水平钢件至屋面槽钢圈梁底

10.7.19 在建筑东立面中间下部，有一个开启扇，高为 765 mm。

10.7.20 [步骤] 进入"东"立面视图；复制东立面幕墙方钢框架下部居中的水平钢件，向上 765 mm。❾

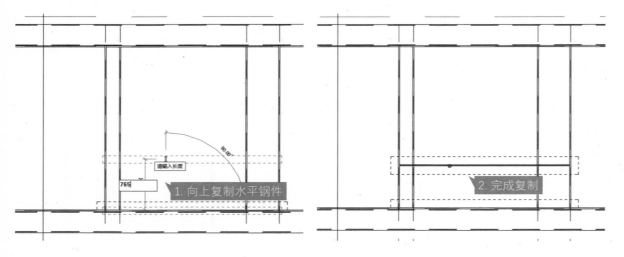

图 10.35　向上复制水平钢件

10.8　在三维视图中检视模型

10.8.1 全部幕墙方钢框架连接件创建完成，点击快速访问工具栏中的【默认三维视图】进入三维视图检视关系是否正确；通过按住 Shift 键并同时按下鼠标滚轮，可调整视角，全面检视。

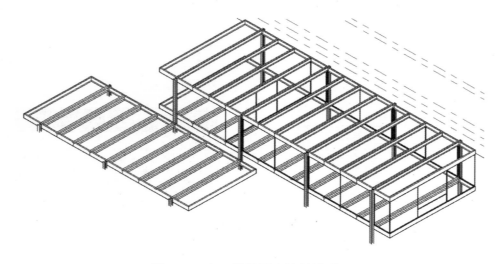

图 10.36　在三维视图中检视模型

❾ [赏析] 在范斯沃斯住宅中，几乎所有玻璃幕墙扇都是以通高的竖梃分格，水平横梃仅作为边框，并不构成立面上的水平要素，以此强化两块水平板（屋顶板和地面板）构成空间的逻辑。这样做令建筑的几何逻辑非常清晰，但有一个功能上的代价：就是很难设置用于通风的开启扇——除非将竖梃间的整幅玻璃扇打开。所以在密斯原本的设计中，除了入口门之外，并没有设置开启扇。现状的开启扇，是在业主范斯沃斯医生的强烈要求下才设置的，这一度令密斯非常痛苦。选在东立面设置，避开了两个长边的主立面，算是对整体效果影响最小的选择了吧。

120

132

18

第十一章
创建幕墙

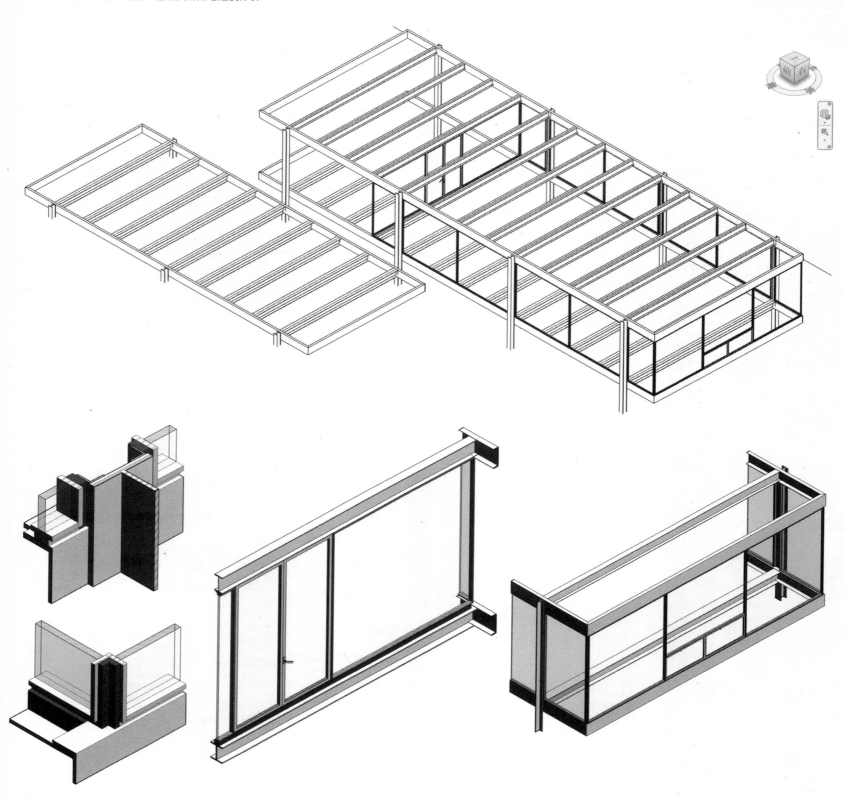

11.1 创建幕墙类型

11.1.1 [步骤] 点选【建筑】功能选项卡｜【构建】面板｜【墙】工具。

图 11.1 【墙】工具

11.1.2 [步骤] 在【属性】选项板的类型下拉菜单中选择"幕墙"。

11.1.3 [步骤] 在【属性】选项板中点击【编辑类型】按钮；弹出【类型属性】对话框；点击【复制】复制一个类型，在弹出的【名称】对话框中键入类型名称如"幕墙-玻璃窗墙"，按【确定】完成命名；在【类型参数】菜单｜【构造】｜【幕墙嵌板】下拉菜单中选择"系统嵌板：玻璃"；按【确定】完成类型编辑。

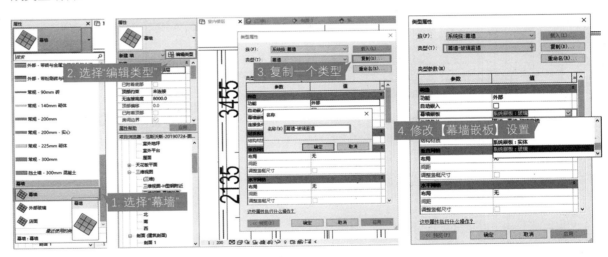

图 11.2 新建幕墙族类型"幕墙-玻璃窗墙"并修改参数设置

11.2 创建幕墙

11.2.1 [步骤] 进入"室内楼层"平面视图。

11.2.2 [步骤] 在"轴线 -C"上"剖面 3"剖到的那一幅框架连接件的两个竖向钢件之间，通过捕捉竖向钢件截面侧边中点，居中绘制幕墙；由于每一幅幕墙都卡在框架连接件之内，所以幕墙不连续绘制，双击 Esc 键结束绘制。

11.2.3 [步骤] 选中幕墙段，在其两端显示"拖曳墙端点"（蓝色圆点），分别右键点击端点，选择"不允许连接"。⑦

11.2.4 [原理] 在墙中间位置，靠中心虚线上方有一个"修改墙的方向"符号（⬍ 标记），这个符号是标明墙的内外朝向的，该符号居于中心虚线的哪一侧，哪一侧即定义为墙朝外的一侧。单击"修改墙的方向"符号可以切换朝向。

　　这是 Revit 作为信息模型平台的又一个经典例证，它不只为建筑的形式、材料负责，也同时反映建筑与环境的关系。对墙的方向的选择，关系到构造层次的逻辑，以及未来有可能进行的诸如热工模拟、计算等应用功能。

11.2.5 [步骤] 此时"修改墙的方向"符号 ⬍ 居于中心虚线的上方，在平面中是朝内侧，故应单击它令其切换至中心虚线下方作为外侧。

⑦ **关于"不允许连接"**

　　当墙体端点处于"允许连接"状态时，墙的端点会自动选择其与相接触的其他建筑构件的交接方式，这很方便，但形式上是不太可控的；因此，当我们确定墙体（本例中的幕墙）的交接方式时，通常会令端点处于"不允许连接"的状态，以完全控制其节点形式。

　　在通常的设计过程中，我们建议将端点状态设置为"不允许连接"，为节点形式的推敲和控制留出余地。

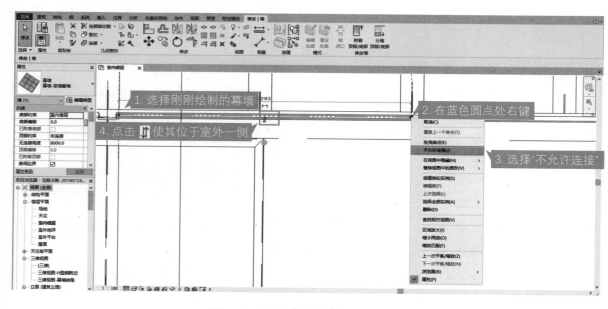

图 11.3　绘制幕墙并修改相关设置

11.2.6 [步骤] 测量准确的高度定位：进入"剖面 3"视图，用快速访问工具栏上的【对齐尺寸标注】或【测量两个参照之间的距离】工具，分别测量：幕墙方钢框架下部水平钢件顶端与"室内楼层"标高之间的高差（为 10 mm）；幕墙方钢框架下部水平钢件底端与"天花"标高之间的高差（为 0，刚好对齐）。

11.2.7 [步骤] 设置幕墙标高定位：在【属性】选项板 |【约束】部分中设置，在【底部约束】下拉菜

⑦ **幕墙分格**

　　构造上，幕墙分格都是由杆件完成，哪怕纵横两向的杆件截面是相同的，也存在某个方向的优先连续的实际构造问题。本例中选择"垂直网络连续"，即在分格杆件的交接中，垂直向的构件会是连续的，打断水平向的构件。

单中选择"室内楼层"，在【底部偏移】信息栏中键入"10"，在【顶部约束】下拉菜单中选择"天花"，在【顶部偏移】信息栏中键入"-7"；完成标高定位设置，可进入"{ 三维 }"视图和"剖面 2"视图检视幕墙关系是否准确。

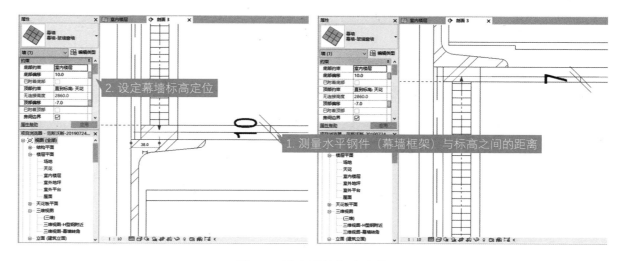

图 11.4　设定幕墙标高定位

11.3　设置幕墙边框

11.3.1 [步骤] 从【项目浏览器】的【族】树状展开菜单中选中"幕墙竖梃 \ 矩形竖梃 \50×150mm"；右键点击并选择【复制】创建一个新类型，键入名称如"钢 -16×76mm"。

11.3.2 [步骤] 双击"钢 -16×76mm"弹出【类型属性】对话框，在【类型参数】中进行设置：在【构造】部分的【厚度】栏中键入"76.0"（幕墙厚度）；点击【材质与装饰】部分的【材质】信息栏右侧的小按钮　，弹出【材质浏览器】对话框，在【项目材质】菜单中选择"钢 - 白漆"，按【确定】完成材质设置；在【尺寸标注】部分的【边 2 上的宽度】与【边 1 上的宽度】信息栏分别键入"8.0"；按【确定】完成设置。

11.3.3 [步骤] 进入"室内楼层"平面视图，选中已创建的幕墙，在【属性】选项板中点击【编辑类型】按钮，弹出【类型属性】对话框，在【类型参数】下设置：【垂直竖梃】部分下的【边界 1 类型】【边界 2 类型】以及【水平竖梃】部分下的【边界 1 类型】【边界 2 类型】四个下拉菜单中分别选择"钢 -16×76mm"；在【构造】部分的【连接条件】下拉菜单中选择"垂直网格连续"；按【确定】完成设置。⑦

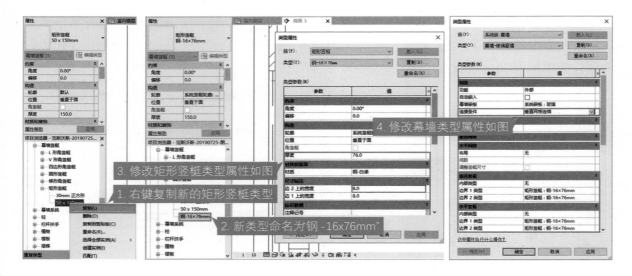

图 11.5 新建幕墙矩形竖梃类型并设置幕墙类型参数

11.4 放置幕墙

11.4.1 单幅幕墙的创建和设置完成，在平面视图、剖面视图和 3D 等各视图中综合检视幕墙关系是否准确。

11.4.2 [步骤] 进入"楼层平面"平面视图；选中幕墙段，点选【修改 | 墙】上下文功能选项卡 |【修改】面板 |【复制】工具，在选项栏中勾选【约束】和【连续】；将幕墙段复制到"轴线 -C"上方钢框架连接件的各幅框界中。

11.4.3 [步骤] 端头幕墙段比标准幕墙段要短，先将复制的标准幕墙段一端与一侧竖向钢件取齐；选中幕墙段，点击【修改 | 墙】上下文功能选项卡 |【修改】面板 |【修剪 / 延伸】工具 ，单击选择要对齐的参照（另一侧竖向钢件的内侧），再次单击选择幕墙段即欲修剪或延伸的对象，则经修剪的幕墙精确地卡在竖向钢件之间。一定要注意：参照 [11.2.3]，检查确认修剪后的幕墙两端仍保持【不允许连接】的设置。⑫

⑫【修剪 / 延伸】工具

【修剪 / 延伸】工具跟 CAD 里的剪切、延伸命令类似，但两者有很本质的区别：在 CAD 中，剪切命令和延伸命令仅能用于处理线，而在 Revit 中，【修剪 / 延伸】工具却可以用来处理整个构件，它并不是生硬地剪切或者延伸，令构件残缺，而会在剪切、延伸动作完成的同时，仍保证构件的构造逻辑完整，这是非常强大的功能。

(73) **造型操纵柄**

很多时候，拖曳“造型操纵柄”来调整形体，效果与应用【修剪 / 延伸】工具的效果是类似的，只是通过捕捉来保证对齐关系更容易出错。但拖曳“造型操纵柄”有它不可替代的优势——它更直观和便捷，可以一边调整一边观察，且不必找到明确的参照物来定位，更适合在方案推敲的过程中应用。

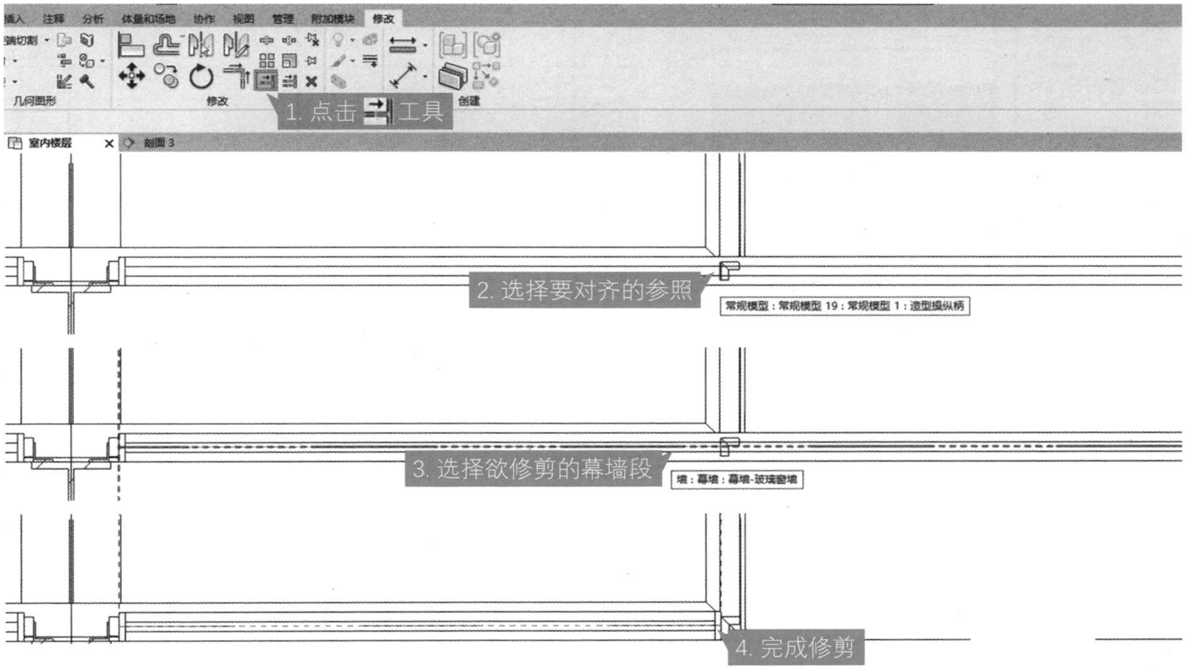
1. 点击 工具
2. 选择要对齐的参照
常规模型：常规模型 19：常规模型 1：造型操纵柄
3. 选择欲修剪的幕墙段
墙：幕墙：幕墙-玻璃窗墙
4. 完成修剪

图 11.6　用【修剪 / 延伸】工具修剪幕墙

11.4.4 [步骤] 如 [11.4.3] 步处理另外一端端头幕墙段，或将此短幕墙镜像复制到另一端。

11.4.5 [步骤] 选中“轴线 -C”上所有幕墙段（按住 Ctrl 键连续点选），用镜像复制工具将其复制到“轴线 -D”上相应的位置；注意检查被镜像后的幕墙段中“修改墙的方向”标记的位置，确认内外关系是正确的。

11.4.6 [步骤] 选中靠端头的一个幕墙段，通过 45° 对称轴的镜像或 90 旋转等操作，得到短边方向的幕墙段；通过复制放置幕墙段并参考 [11.4.3] 步操作调整幕墙平面范围，将幕墙段准确安装在围护结构短边各幅框界中。一定要注意：检查被镜像后的幕墙段中“修改墙的方向”标记的位置，确认内外关系是正确的。

11.4.7 [步骤] 进入“东”立面视图；将鼠标悬停在中间一幅幕墙的边界处，反复按 Tab 键切换选择的构件，选中幕墙段（按 Tab 键的时候，除了通过绘图区域的蓝色线框，还可以通过左下角灰色状态栏中的提示文字来确定当前选中的内容）；拖曳下部“造型操纵柄”，捕捉中间水平钢件上表面令幕墙段嵌在上半幅；再将其复制到下半幅，并通过拖曳“造型操纵柄”调整其幅面范围。(73)

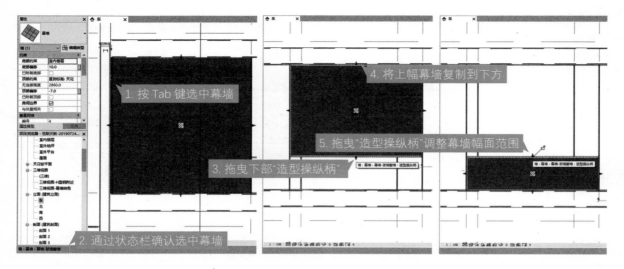

图 11.7 在"东"立面视图拖曳"造型操纵柄"调整幕墙幅面范围

11.5 完成幕墙创建

11.5.1 全部幕墙创建完成，在各类视图中全面检视幕墙关系是否正确。

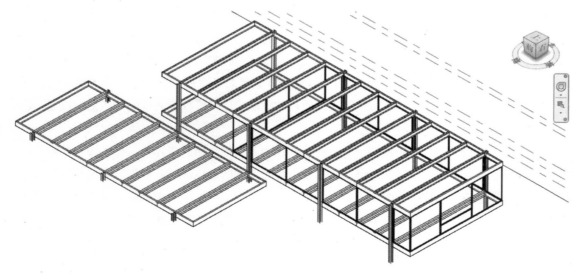

图 11.8 完成幕墙创建

11.6 替换门嵌板

11.6.1 幕墙方钢框架连接件中所有框架幅面里安装的都是固定幕墙段，但西立面中间幅是门，东立面中间幅下侧是开启扇。

11.6.2 [步骤] 通过【项目浏览器】进入"{ 三维 }"视图，在【属性】选项板中的【范围】部分中勾选【剖面框】；在剖面框中截取西立面上围护幕墙部分。

11.6.3 [步骤] 选中并删除西立面幕墙方钢框架连接件居中一幅框架中贴地的水平钢件（因为门扇不需要贴地的固定连接件）。

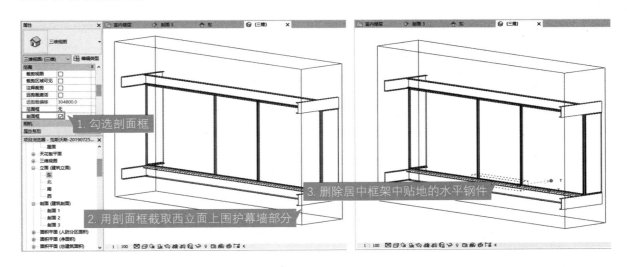

图 11.9 调整剖面框并删除居中框架中贴地的水平钢件

11.6.4 [步骤] 编辑幕墙段：

11.6.4.1 [步骤] 选中幕墙段，在【属性】选项板｜【约束】部分｜【底部偏移】信息栏中将偏移数据改为"0"（删除底框后，门底部应参照地面完成面标高）。

11.6.4.2 [步骤] 选中幕墙段中的任意一侧竖梃，右键点击竖梃并在右键选单中选择"选择竖梃\主体上的竖梃"，则该幅幕墙段中四面所有竖梃都被选中。

11.6.4.3 [步骤] 点击【修改｜幕墙竖梃】上下文功能选项卡｜【修改】面板｜【解锁】工具，取消竖梃与幕墙主体的锁定（否则竖梃无法被从幕墙中删除），按 Del 键删除竖梃。

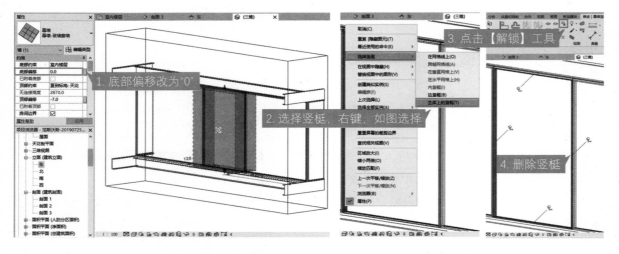

图 11.10 编辑幕墙段底部偏移并删除竖梃

11.6.5 [步骤] 将本册教材附带电子文件中的"自定义族"文件夹复制到特定的存储位置（读者可根据自己的工作习惯选择存储路径）。⑭

11.6.6 [步骤] 载入门的嵌板族：点击【插入】功能选项卡｜【从库中载入】面板｜【载入族】工具，弹出【载入族】对话框；在存储路径中找到"自定义族"文件夹，在其中点选"门嵌板_双开门"；按【打开】载入。

11.6.7 [步骤] 替换嵌板：选中幕墙嵌板（注意："幕墙嵌板"与"墙"的选择范围是很相近的，在用Tab 键切换选择的同时，要同时注意左下角状态栏中所提示的构件名称）；点击【修改｜幕墙嵌板】上下文功能选项卡｜【修改】面板｜【解锁】工具，取消嵌板与幕墙锁定关系；在【属性】选项板顶端的族类型下拉菜单中选择刚刚载入的"门嵌板_双开门"自定义族；可见该段幕墙嵌板已替换为双开门。⑮

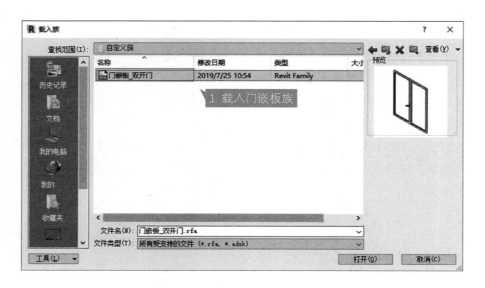

⑭ **自定义族**

由于名作的特殊性，我们需要根据密斯的设计创建自定义的门嵌板族，以令门的形式尽可能接近原作。

由于自定义族在 Revit 的应用中属于高阶操作，需要比较多的篇幅系统学习，本册的教学目标以体验为主，不宜陷入太过复杂的操作演练之中，所以我们随教材附上自定义族，以降低学习和练习的难度。关于自定义族的内容，将在进阶的分册中讲解。

⑮ **替换幕墙嵌板**

幕墙与其中的嵌板是嵌套关系，我们并不替换幕墙，只是把幕墙中的固定玻璃嵌板替换成其他的嵌板。在这里，门与玻璃都属于嵌板，只是不同的种类而已，它们都是幕墙的构成部分。

本教材所附自定义族

⑯ **关于开启方向**

　　就像墙体中区分内外一样，门的开启方向、带把手的驱动门扇等是决定门形式的重要特征，在 Revit 中，这些特征并不是单纯通过创建模型来完成的，许多特征都已经作为相关参数被写入族了，因此在本例中，在图元上点击驱动切换按钮就可以直接改变诸如把手、开启方向之类的特征了。

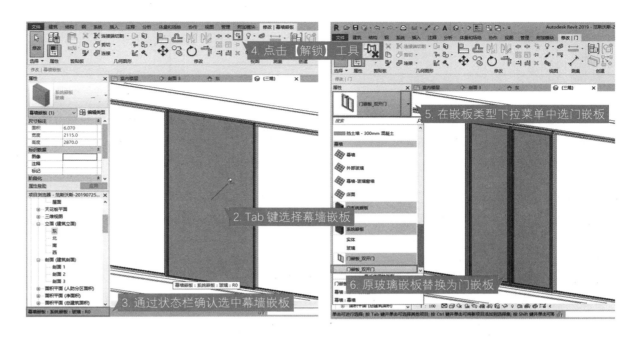

图 11.11　载入门嵌板族并替换幕墙嵌板

11.6.8 [步骤] 调整门把手：在视图控制栏中【详细程度】上拉菜单中选择"精细" 🔲（此前设置为"中等" 🔲），可以看到在此精度下双开门上显示出门把手；选中门嵌板，点击空格键可以切换门把手所在的门扇以及门开启的方向；进入"室内楼层"平面视图，选中门，显示两个方向上"翻转实例面"的标记 ⇕，点击亦可切换门开启的方向以及把手所在的主动门扇。⑯

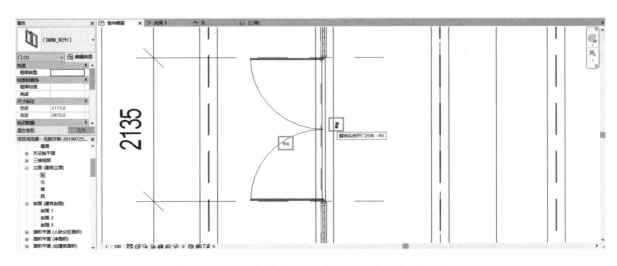

图 11.12　门开启的方向以及把手所在的主动门扇

11.7 替换窗嵌板

11.7.1 [步骤] 参考 [11.6.3] 步中的操作，删除东立面中间下部一幅幕墙的边框（由于窗扇卡在幕墙方钢框架连接件的框界之内，所以不需要调整偏移值）。

11.7.2 [步骤] 参考 [11.6.6] 步中的操作，从"自定义族"文件夹中载入"窗嵌板_下悬无框"嵌板族。

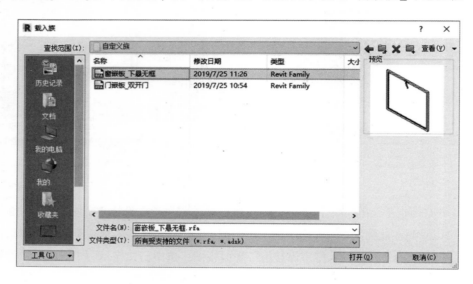

图 11.13 载入"窗嵌板_下悬无框"嵌板族

11.7.3 [步骤] 点击【建筑】功能选项卡 |【构建】面板 |【幕墙网格】工具，捕捉欲替换嵌板的幕墙的中线位置放置网格划分。

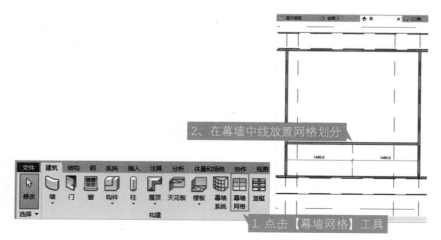

图 11.14 用【幕墙网格】工具在幕墙中线放置网格划分

❿ [赏析] 这个组合节点的顶面是一个倒扣的槽钢，上表面平整，方便与幕墙边框交接。玄机在倒扣槽钢与下部对位的 H 型钢梁之间，这之间是由上下两组钢板交叠焊接形成的支撑。这样的做法有两个好处：首先，这种通过交叠形成的支撑，可以自由调节从 H 型钢顶面到幕墙交接面之间的间距，如果用标准型钢材料来实现支撑，那么要么就得让间距迁就型钢规格，要么就不得不裁切型材来获得间距尺寸，这是一种两难的困境；第二，也是更重要的，交叠不只可以让间距自由，角度也可以是自由的。

如实测图的详图中反映的，H 型钢梁有一个微小但可见的倾斜，这与建筑地面排水关系相吻合。其实在结构板和面层材料之间，有比较厚的轻质混凝土垫层适宜构造找坡，目前我们尚未厘清为什么密斯要执着地选择结构找坡。但是，这个做法解释了一则关于范斯沃斯住宅的趣闻：据说，密斯专门打造了一个与建筑等长的水平仪。有些分析认为这个水平仪是为了保证建筑的绝对水平，但从实测图中表达的 H 型钢梁的微妙倾角中，我们也许能获得其他的可能性。

11.7.4 [步骤] 参考 [11.6.7] 步中的操作，在经划分的两块幕墙嵌板分别替换成刚刚载入的"窗嵌板 _ 下悬无框"嵌板族；在"{ 三维 }"视图中检视窗的关系是否准确，如有因划分幕墙网格所生成的残余的竖梃存在，参考 [11.6.4.2][11.6.4.3] 步，选中后解锁并删除。

11.7.5 [步骤] 选中窗扇，点击空格键可以切换窗把手的方向，令其在室内一侧。

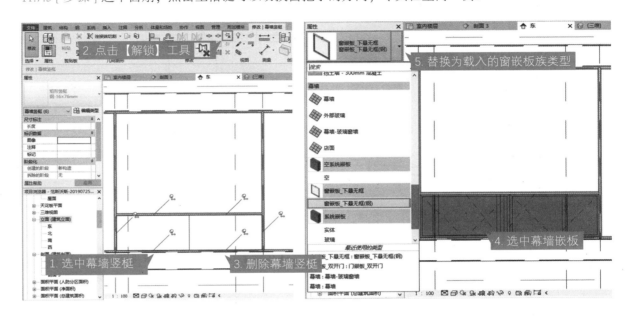

图 11.15　删除幕墙竖梃并替换窗嵌板类型

11.8　创建西侧幕墙方钢框架连接件与 H 型钢之间的交接

11.8.1 除西侧幕墙外，另外三侧幕墙的方钢框架连接件都是直接与槽钢圈梁交接的，而西侧幕墙则与 H 型钢梁交接，由于 H 型钢梁顶面标高低于槽钢梁顶面，所以在西侧幕墙框架连接件与 H 型钢梁之间有一组由组合钢件构成的节点。由于这个节点在地面以下，是看不到的，为化简建模，我们姑且将之简化为一个截面为 104 mm×70 mm 的单个钢件。❿

11.8.2 [步骤] 进入"{ 三维 }"视图并调整剖面框，令剖面框截取能反映西侧幕墙与上下两根 H 型钢梁空隙关系的断面，可清晰反映 [11.8.1] 中所描述的情形；在绘制区域右上角的【View Cube】上点击"前"面，"{ 三维 }"视图进入关于这个剖切面的正投影关系，创建节点可以直接在这个视图上完成。

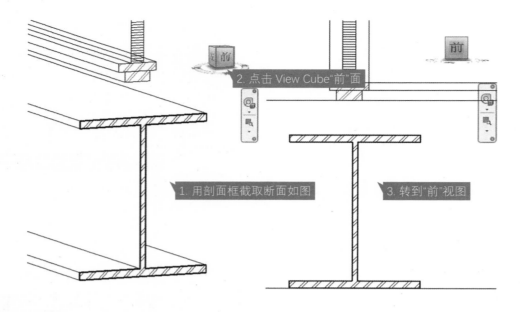

⑦ 这个节点用内建常规模型来完成，以下操作都可以与 [10.3] 步中相关步骤相互参详。

图 11.16 在"{ 三维 }"视图中截取西侧幕墙与 H 型钢梁间隙并转到前视图

11.8.3 [步骤] 从【建筑】功能选项卡 |【构建】面板 |【构件】下拉菜单下选择【内建模型】工具，弹出【族类别和族参数】对话框，在【族类别】菜单中选择"常规模型"；按【确定】弹出【名称】对话框，保留默认名称，按【确定】完成族类别的创建，绘制区域进入编辑模式。

11.8.4 [步骤] 点击【创建】功能选项卡 |【属性】面板 |【族参数】工具，弹出【族类型】对话框；点击左下方的【新建参数】工具，弹出【参数属性】对话框；在【参数数据】下的【参数类型】下拉菜单中选择"材质"，【名称】栏键入如"钢"；按【确定】完成参数创建，回到【族类型】对话框；按【确定】完成族类型设置。

11.8.5 [步骤] 点击【创建】功能选项卡 |【工作平面】面板 |【设置】工具，弹出【工作平面】对话框；在【指定新的工作平面】单选框中点选【拾取一个平面】；左键选择一个与绘制构件截面相平行的面。

11.8.6 [步骤] 点击【创建】功能选项卡 |【形状】面板 |【拉伸】工具，功能区进入【修改 | 创建拉伸】上下文功能选项卡；点选【修改 | 创建拉伸】上下文功能选项卡 |【绘制】面板 |【矩形】工具，在 H 型钢梁和幕墙框架连接件底端之间绘制一个矩形。

11.8.7 [步骤] 选择矩形两边的边线，在长度尺寸输入准确的数据（104 mm×70 mm）；通过【修改 | 创建拉伸】上下文功能选项卡 |【修改】面板 |【移动】工具，利用捕捉中点令节点截面与水平钢件居中对齐。⑦

⑱ 这个构造在模型中是完全不可见的，创建它的目的是为了在剖面图中不至于出现材料间相互脱离的悖理的构造空缺。在设计过程中，并不必事无巨细地解决所有类似的技术问题，但这样的粗略表达，起码可以提示尚未考虑或深化的交接问题。

在以绘图或以表达建筑几何形式为主要功能的工具中，这种抽象的图形或模型体块并不引人注意，但是在充满建筑意义的 BIM 平台下，由于多数图元都是及物的，有材料、构造、方向、附件等各种与建筑意义相关的信息参数，创建这种不及物的模型体量就显得有点格格不入。在 BIM 平台下工作得久了，它的及物特质也会对建筑师产生一些微妙的影响。

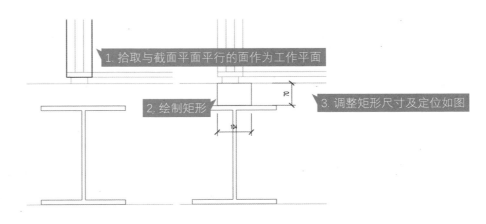

图 11.17 拾取工作平面、绘制截面并调整截面的尺寸与定位

11.8.8 [步骤] 勾选【修改 | 创建拉伸】上下文功能选项卡 |【模式】面板 |【完成编辑模式】（√），完成截面编辑；选中截面并点击【取消关联工作平面】。

11.8.9 [步骤] 勾选【修改】功能选项卡 |【在位编辑器】面板 |【完成编辑】（√），退出编辑模式。

11.8.10 [步骤] 在 "{ 三维 }" 视图中调整【View Cube】的角度，恢复立体视觉效果，拖曳剖面框范围令整个西侧幕墙可见；点击【修改】功能选项卡 |【修改】面板 |【对齐】工具，以两侧槽钢梁翼板端头面作为对齐参照，以节点两端截面为对齐对象，令节点构件两端顶在两侧槽钢翼板端头。⑱

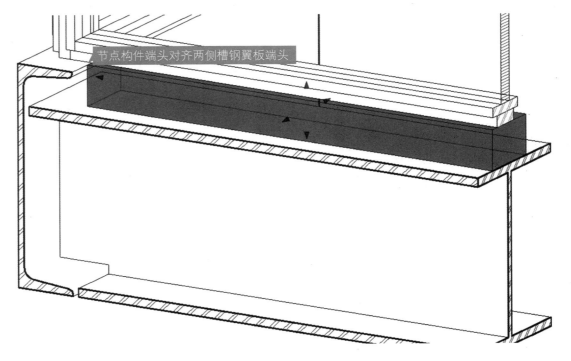

图 11.18 使用【对齐】工具将节点构件两端对齐两侧槽钢翼板端头

11.8.11 [步骤] 重复 [11.8.2] 步操作，在 "{ 三维 }" 视图中进入反映西侧幕墙与 H 型钢梁关系的正投影视角。

11.8.12 [步骤] 将下部节点构件复制到屋面 H 型钢梁底端；拖曳造型操纵柄并捕捉幕墙框架连接件顶端，令节点截面高度准确地居于连接件水平钢件顶端与 H 型钢梁底端。

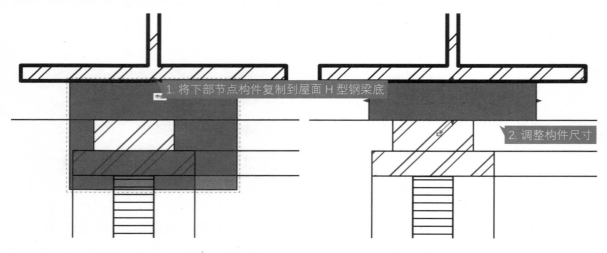

图 11.19 将下部节点构件复制到屋面 H 型钢梁底端并调整尺寸

11.9 调整材质

11.9.1 [步骤] 进入 "{ 三维 }" 视图，在【属性】选项板中的【范围】部分中取消对【剖面框】的勾选，完整检视模型关系；在视图控制栏中的【视觉样式】上拉菜单中选择 "着色"，令模型显示颜色设置，会发现因 [11.6][11.7] 步替换嵌板的关系，西侧门与东侧开启窗扇的边框颜色与其他设置不符。

11.9.2 [步骤] 选中窗嵌板 (注意不是选中幕墙段)，在【属性】选项板中点击【编辑类型】按钮，弹出【类型属性】对话框；在【类型参数】下的【材质和装饰】部分，有【窗扇框材质】【把手材质】和【玻璃】三个信息栏，点击激活信息栏，在信息栏右侧出现索引材质的小按钮 ，点击按钮，弹出【材质浏览器】对话框，在【项目材质】菜单中分别为窗扇 ("钢 - 白漆")、把手 ("钢 - 白漆") 和玻璃 ("玻璃") 选择材质，其中玻璃材质参数设置如图 11.20 所示；点击【确定】完成设置。

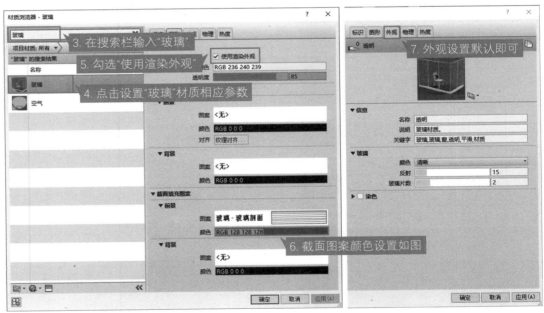

图 11.20　窗嵌板材质设定

11.9.3 [步骤] 重复 [11.9.2] 步操作，完成门的材质设置。

11.9.4 对于 [11.8] 步创建的节点，由于是一个简化的抽象体量，而非真实节点，所以我们不为它设置材质。这样在剖面图中剖到它的时候，它不会显示材料填充图案，而是显示为一个抽象的体量，比较符合真实逻辑。

11.9.5 至此，幕墙的全部内容创建完成。

120

132

18

第十二章
创建 "核心筒"

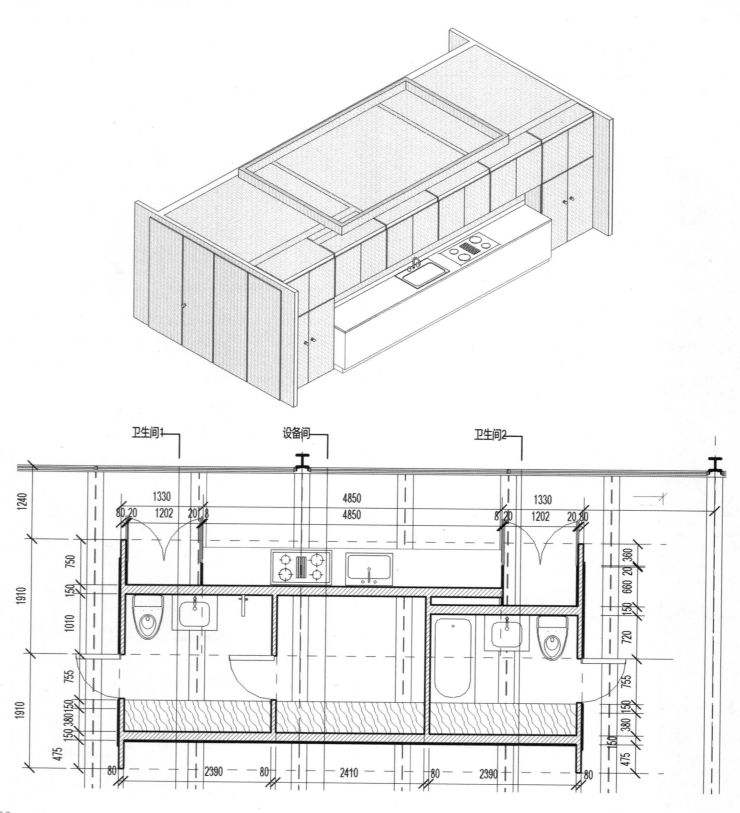

㊲ 核心筒定位说明

空间处理上，核心筒作为室内空间的独立建筑物体存在，与其他建筑界面形成不同尺度的空间；由这一目的出发，从测绘图来看，核心筒顶部与天花脱开，平面上也与周边建筑构件的边线无对齐关系；并且从材料的处理上，木质的核心筒部分与钢、玻璃、石灰华等主体建筑空间界面材料的色彩和质感上的异质化处理也强化了这一表现手段。所以核心筒整体的定位并未直接用边线对齐网格，而是以核心筒轴中线对齐网格的方式，即核心筒中线对齐地砖分缝线。

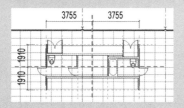

⓫ [赏析] 由于与诸如围护幕墙和结构悬挑等构件的定位原则不同，"核心筒" 的尺寸和定位完全与结构网格无关，即便有些位置与 H 型钢梁相近，也没有寻找对位关系。这是因为 "核心筒" 的放置定位所遵循的并非 "结构逻辑" 而是 "功能逻辑"。"核心筒" 与建筑北面墙体的间距是遵循厨房必要的使用宽度；而 "核心筒" 的东侧与建筑东面墙体之间的间距则夹合出了一个恰当的卧室的尺度；"核心筒" 中卫生间的尺寸基于洁具及使用需求的基本容量，这也形成了一个相对确定的体量。

拓展开来观察，范斯沃斯

12.1 参照定位

12.1.1 关于范斯沃斯住宅的 "核心筒"，实测图中并没有准确的定位数据和控制尺寸，本教材中姑且参考地砖分格所推算的数据来为它定位。其定位关系如图 12.1 所示。㊲⓫

12.1.2 [步骤] 进入 "室内楼层" 平面视图；参考 [10.1.2] 步操作，创建一个新的参照平面子类别，命名如 "核心筒"；点击【视图】功能选项卡 |【图形】选项卡 |【可见性 / 图形】工具，弹出【楼层平面：室内楼层的可见性 / 图形替换】对话框；选择【注释类别】选项卡，在树状菜单中勾选 "参照平面\核心筒"，仅令该子类别下的参照平面在视图中显示。

12.1.3 [步骤] 点击【建筑】功能选项卡 |【工作平面】面板 |【参照平面】工具，功能区进入【修改 | 放置 参照平面】上下文功能选项卡，在【子类别】面板中的【子类别】下拉菜单中选择 "核心筒"；根据暂定的核心筒定位关系在平面视图中绘制参照平面。

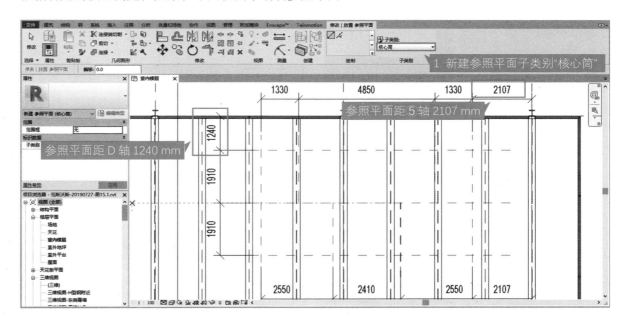

图 12.1 核心筒参照平面定位

住宅的空间，因为没有隔墙，初看起来是未经分隔的。但是：它的厨房和卧室由尺度清晰地被定义出来；南侧的起居室从功能上对尺度并没有严格的要求，因而密斯在"核心筒"的这一侧设置了壁炉，用于定义这个居室中意义最丰富的空间（壁炉是德国建筑理论大家戈特弗雷德·森佩尔提出的"建筑四要素"中最核心的场所核心）；而门厅是这个居室中最无须定义的部分，它正对着入口。所以，尽管没有隔墙的划分，每个不同特质的房间仍然得到了很清晰的定义——哪怕不摆放那些提示功能的桌、椅和床。如果我们多对比几个方案，会发现这是密斯迁居美国之后设计住宅的一贯策略：无论形成建筑外体量的那个矩形体是什么样的尺度和比例，偏心放置的"核心筒"总会与两面墙体准确地夹合出厨房和卧室来，而南侧的空间恰恰是"核心筒"被锁定后剩余的比较宽敞的那一面（因为厨房的净距是很窄的），定会有一个壁炉。

　　因此，尽管飞利浦·约翰逊的玻璃屋（如图 12.2 所示）从外观上到空间布置上都与范斯沃斯住宅非常形似，约翰逊甚至后发先至地比自己的偶像先盖出了他的设计，但是，玻璃屋那个包裹浴室的圆形"核心筒"却没有定义出任何空间来，所以约翰逊的居室非常依赖家具的摆放来为空间做注解，这是一个足以评判高下的差异。相比之下，妹岛和世的森林住宅（如图 12.3 所示）尽管形状迥异，但似乎更得密斯的神韵。本教材以指导 Revit 建模技巧为主，这里就不多展开了。

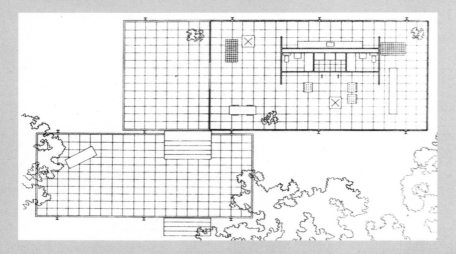 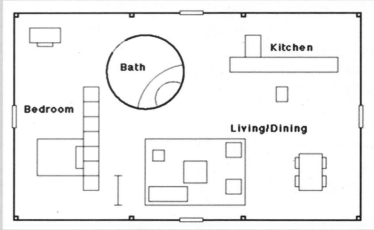

图 12.2　左：范斯沃斯住宅平面图　右：飞利浦·约翰逊—玻璃屋平面图（来源网络）

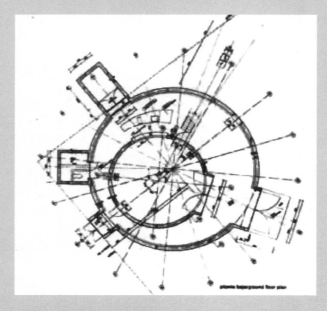 

图 12.3　左：妹岛和世—森林住宅平面图　右：妹岛和世—森林住宅

图片来源：大师系列丛书编辑部. 图解当代日本建筑大师. 长沙：湖南大学出版社，2008：144

⑫ [赏析]"核心筒"的材料选择木材，与结构的白漆型钢、幕墙的玻璃以及地面的石材都无关联，这让"核心筒"从观感上区别于整个空间，尽管它界定了空间的功能，但是它似乎并不属于这个空间。这种与空间的"异质"处理，令原本被"核心筒"打散的空间从空间感知上重新获得了完整性。

"核心筒"相对于整个空间的异质化是从各个不同的设计层面被反复刻画的：前面提到的它并不与整个结构体系对位，而是刻意体现了有错位的"不相关性"，以及后面将会看到的核心筒顶面与天花吊顶明显脱开的做法，都在强化异质性，从而将整个建筑的空间重新还原成完整、独立的完形。

12.2 设置"核心筒"材质

12.2.1 核心筒的主要材质为浅色木材，此外，在厨房操作间的操作台，使用了黑色石材及漆白色的木材，这三种材质设置如下。

12.2.2 [步骤] 选择【管理】功能选项卡 |【设置】面板 |【材质】工具，打开【材质浏览器】，参考 [10.3.12.5] 至 [10.3.12.9] 步的设置，新建下列三种材质，并完成如下参数设置：⑫

图 12.4 【材质】工具

12.2.2.1 [步骤] 新建材质命名为"木 - 浅色"，参数设置如图 12.5 所示：

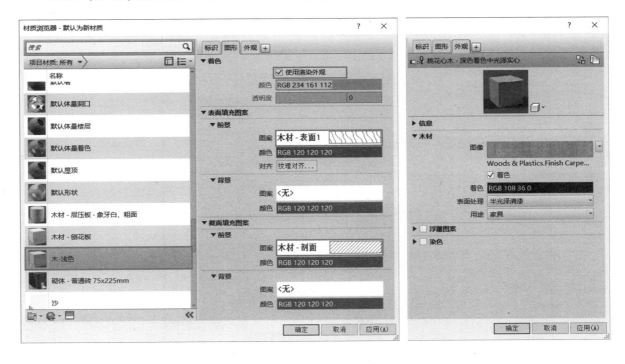

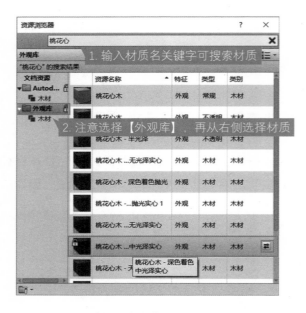

图 12.5 "木 - 浅色"材质参数设置

12.2.2.2 [步骤] 新建材质命名为"木 - 白色"，参数设计如图 12.6 所示：

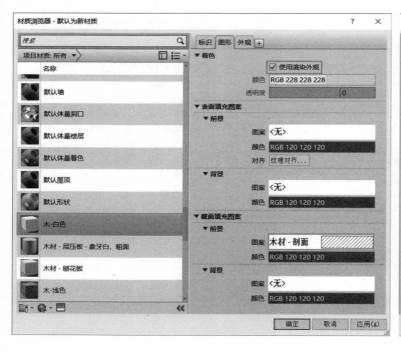
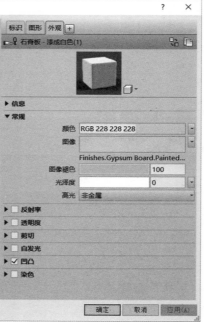

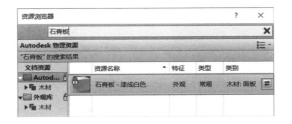

图 12.6　"木 - 白色"材质参数设置

12.2.2.3 [步骤] 新建材质命名为"石 - 黑色"，参数设计如图 12.7 所示：

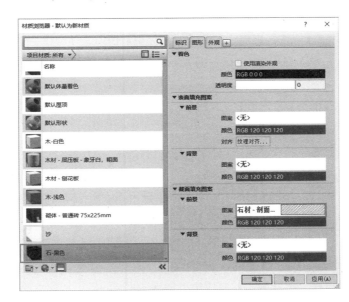

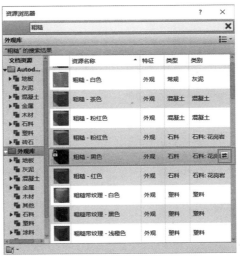

图 12.7　"石 - 黑色"材质参数设置

12.3 创建墙体及竖向隔板

12.3.1 实测图里所反映的原作核心筒的各类隔墙、隔板厚度种类很多，是由多重板材在不同的部位叠合而成。在本册的教学中，为了方便读者练习，我们将它们简化成三种规格：150 mm 厚的厚隔墙、80 mm 厚的普通隔墙与 20 mm 厚的隔板。

12.3.2 [步骤]【建筑】功能选项卡 |【构建】面板 |【墙】下拉菜单中选择【墙：建筑】；在【属性】选项板的族类型菜单中选择"内部 - 砌块墙 100"；以这个类型为基础创建"核心筒"墙体类型。⑧⓪

12.3.3 [步骤] 设置 80 mm 厚墙体类型：点击【属性】选项板中的【编辑类型】按钮，弹出【类型属性】对话框；按【复制】弹出【名称】对话框，键入名称如"内部 - 木材 -80mm"，按【确定】完成命名；设置类型参数：

12.3.3.1 [步骤] 在【类型参数】菜单 |【结构】部分 |【结构】栏点击【编辑】按钮，弹出【编辑部件】对话框。

12.3.3.2 [步骤] 在【层】参数表中分别选择"外部边"和"内部边"的两个"面层 2[5]"项，（单击数字编号选中整行），按【删除】将之删除．

12.3.3.3 [步骤] 在【层】参数表的"结构 [1]"项的【材质】栏中默认参数为"混凝土砌块"，激活【材质】栏，在栏右侧出现设置按钮，点击按钮弹出【材质浏览器】对话框，选择 [12.2.2.1] 步设置的"木 -浅色"，按【确定】完成材质设置并退出【材质浏览器】；在"结构 [1]"的【厚度】栏中键入"80"，按【确定】完成类型属性设置并退出【类型参数】菜单。

12.3.3.4 [步骤] 回到【类型属性】对话框，按【确定】完成类型创建。⑧①

⑧⓪ **关于族类型的选择**

选择哪个族类型作为基础，其实并不是很严格的，因为我们在后续的操作里一定会基于它另存一个新的族类型，并且根据设计需要刷新参数，所以在设计参数足够明确的前提下，作为基础的族类型显得并不重要。但是在设计阶段，对构件的技术要求往往并不明确，甚至存在多种截然不同的可能性，这种情况下，选择某种与设计意图相近的族类型作为基础，就显得格外重要。在更粗略的阶段，甚至可以直接使用既有的族类型作为权宜之计。

⑧① 在【编辑部件】对话框里，我们看到在 Revit 的模型创建中，复杂的构造层次并不是由复杂的模型创建来完成的，我们更多的是通过填写、编辑参数的方式来完成这些创建。在信息化和参数化的建模过程中，大量的工作并不是"画"，而是"写"，这是与传统的工作方法非常不同的地方。

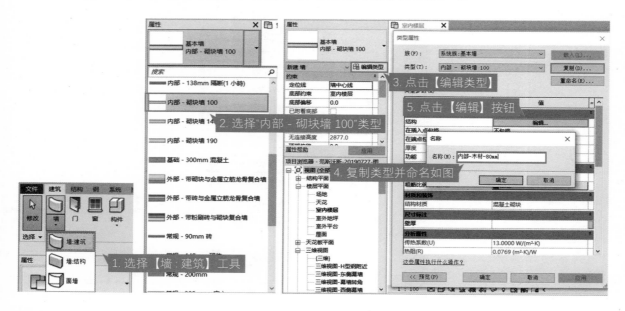

⑧² **墙体【定位线】设置**

这在【定位线】的选择中设置的是在绘制墙体过程中，绘制路径控制墙体的哪类控制线。如选择"墙中心线"即将绘制路径作为创建墙体的中心线本例中选择"面层面：外部"，即将绘制路径作为墙体外皮（由于本例中我们从实测图中"核心筒"的外形边界位置出发来推测具体尺寸与定位，所以用于绘制外圈墙体的参照平面都是依据墙外皮来放置的）。

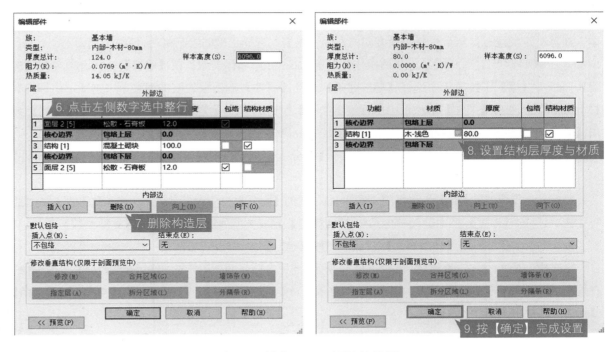

图 12.8 创建 80 mm 厚墙体类型

12.3.4 [步骤] 设置绘制墙体规则：在【属性】选项板的【约束】部分中，在【底部约束】下拉菜单中选择"室内楼层"，在【顶部约束】下拉菜单中选择"直到标高：天花"；在选项栏的【定位线】下拉菜单中选择"面层面：外部"（默认为"墙中心线"）。⑧²

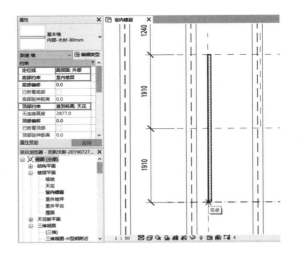

图 12.9 设置绘制墙体规则

12.3.5 [步骤] 创建 80 mm 厚墙体：根据图 12.10 所示，捕捉参照平面所确定的控制点绘制 80 mm 厚墙体，注意：定位线总是居于绘制路径方向的左侧，要据此选择正确的绘制路径方向。

12.3.6 [步骤] 参考 [12.3.2][12.3.3] 步的操作，设置 150 mm 厚墙体类型：在【建筑】功能选项卡 |【构建】面板 |【墙】下拉菜单中选择【墙：建筑】；在【属性】选项板的族类型菜单中选择"内部 - 木材 -80mm"；点击【属性】选项板中的【编辑类型】按钮，弹出【类型属性】对话框；按【复制】弹出【名称】对话框，键入名称如"内部 - 木材 -150mm"，按【确定】完成命名；设置类型参数：

    12.3.6.1 [步骤] 在【类型参数】菜单 |【结构】部分 |【结构】栏点击【编辑】按钮，弹出【编辑部件】对话框。

    12.3.6.2 [步骤] 在【层】参数表的"结构 [1]"项的【材质】栏中设置的"木 - 浅色"不变；在"结构 [1]"的【厚度】栏中键入"150"，按【确定】完成类型属性设置并退出【类型参数】菜单。

    12.3.6.3 [步骤] 回到【类型属性】对话框，按【确定】完成类型创建。

12.3.7 [步骤] 创建 150 mm 厚墙体：根据图 12.10 所示，捕捉参照平面所确定的控制点绘制 150 mm 厚墙体；在处理墙体间的各种交接关系时，综合运用【修改】功能选项卡 |【修改】面板中的【修剪 / 延伸为角】【修剪 / 延伸单个图元】等工具。

12.3.8 [步骤] 参考 [12.3.6] 步操作，设置 20 mm 厚隔板类型，命名如"内部 - 木材 -20mm"。

12.3.9 [步骤] 参考 [12.3.5][12.3.7] 步的操作，根据图 12.10 所示，创建 20 mm 厚隔板；尝试综合运用更多【修改】功能选项卡 |【修改】面板中的工具。㊸

12.3.10 "核心筒"中全部墙体和竖向隔板创建完成。

㊸ 将鼠标悬停在这些工具上，不止会显示工具应用要点的文字说明，还会播放功能演示的视频；这是探索和学习 Revit 工具性能的最直接和常用的方法。

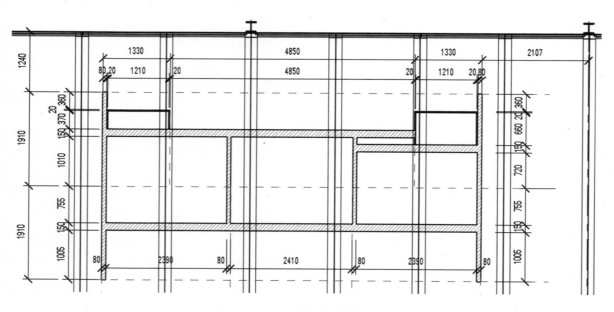

图 12.10 核心筒墙体及隔板尺寸

12.4 创建"核心筒"管井

12.4.1 "核心筒"中心伸出屋面的管井平面尺寸大致为 3950 mm×2460 mm，与"核心筒"两短边的间距约 1780 mm，与长边间距约 680 mm（如图 12.11 所示）；在本册教材的练习中，我们不创建设备管线，仅将管井体量做粗略的表达，以令"核心筒"与天花及主体结构的交接完整。根据实测图显示，从两个卫生间中央位置还分别有一个体量更小的水平向体量通向主管井，应该是为卫生间通向主管井的分管线预留的空间，由于这两个预留空间既无关于建筑的空间表达，也不涉及新的建模操作，所以在本例中暂不创建，有兴趣的读者也可以综合运用本册讲解过的操作把它们建出来作为额外的练习。

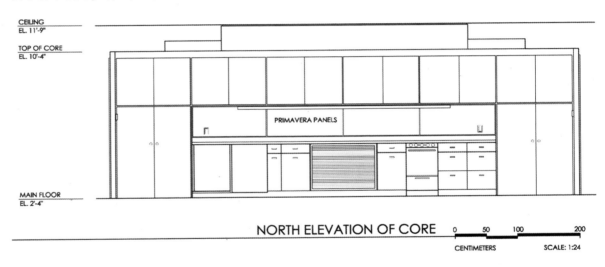

图 12.11 "核心筒"的管井

12.4.2 [步骤] 进入"室内楼层"平面视图；点击【建筑】功能选项卡｜【构建】面板｜【墙】工具；在【属性】选项板的类型菜单中选择"内部 - 木材 -80mm"。

12.4.3 [步骤] 点击【修改｜放置 墙】上下文功能选项卡｜【绘制】面板｜【矩形工具】工具，在大致的范围内绘制一圈矩形墙体作为主管井；在快速访问工具栏（或【修改｜放置 墙】上下文功能选项卡｜【测量】面板）中选择【对齐尺寸标注】工具，标注主管井外皮与"核心筒"外边界参照平面之间的间距，通过选中墙体并修改标注尺寸，准确定位主管井。

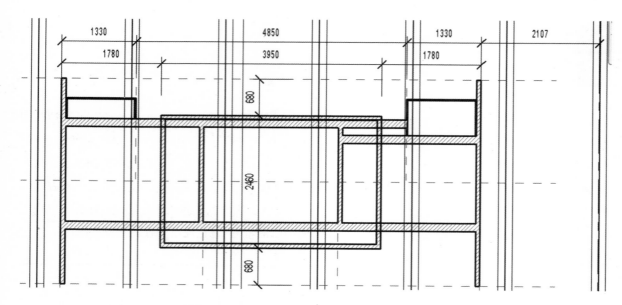

图 12.12 绘制管井、定位管井外皮与"核心筒"外边界参照平面的间距

12.4.4 [步骤] 参考 [10.7.2] 步，复制"剖面 3"到能剖切主管井的位置，该剖面自动命名为"剖面 4"。进入"剖面 4"视图（或进入三维视图并用剖面框隐藏"核心筒"周围及屋顶梁架结构），选中围合主管井的 4 面墙体。

12.4.5 [步骤] 在【属性】选项板的【约束】部分中，在【底部约束】下拉菜单中选择"天花"，在【底部偏移】栏中键入"-420"，在【顶部约束】下拉菜单中选择"直到标层：天花"，在【顶部约束】栏中键入"38"（屋面 H 型钢梁底）。

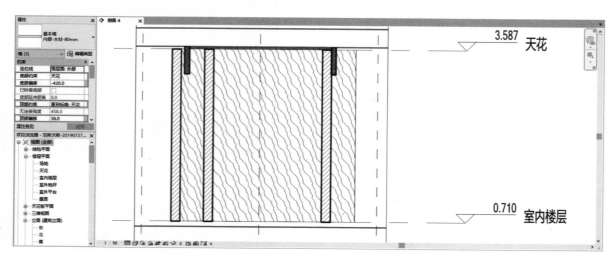

图 12.13 设置管井顶底约束与偏移

㊽ **"复制"与"带细节复制"**

如只需将视图中的模型几何图形从现有视图复制到新视图，选用"复制"。如需要将几何图形与二维图元同时复制到新视图，则选用"带细节复制"。

⑬ [赏析] 顶板与天花脱开的 420 mm 间距，是前面提到的令"核心筒"体量在空间中异质化的非常有效的设计手法。因为"核心筒"的墙体不可避免地要"切割"地面，那么令屋顶板看起来是一块完整的孤悬在整个空间之上的板，就显得尤为重要了。

12.4.6 [步骤] 在【项目浏览器】中选中三维视图，右键并在【复制视图】中选择【复制】，创建一个三维视图的副本，将这个副本重命名为"三维视图 - 核心筒"，用剖面框隐藏"核心筒"周围及屋顶梁架结构。这个视图将用于专门检视核心筒。㊽

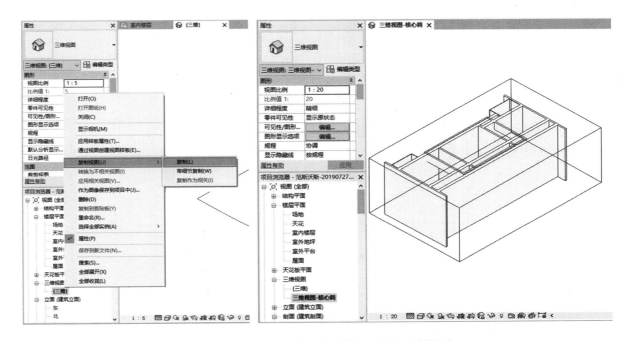

图 12.14 创建专门用于检视核心筒的三维视图

12.5 创建"核心筒"水平构件并完成剖面关系

12.5.1 在"核心筒"的剖面关系中：

12.5.1.1 整个"核心筒"体量低于天花，其顶端与天花脱开一个 420 mm 的间距的，只有卫生间和锅炉房伸出屋顶的管线会在靠近居中的位置穿过间隙伸出屋面。⑬

12.5.1.2 卫生间的台面板高 920 mm，由"核心筒"南侧围合墙体在剖面上弯折悬挑构成。

12.5.2 [步骤] 创建剖面：进入"室内楼层"平面视图；选中"剖面 4"剖线，点击【修改 | 视图】上下文功能选项卡 | 【修改】面板 | 【复制】工具，在选项栏中勾选【多个】，复制 2 个剖线分别剖切"核心筒"两侧的卫生间，并确保"剖面 4"能剖到中间的壁炉；在【项目浏览器】的"剖面"树状菜单下分别右键点击这 3 个相对应的视图，选择【重命名】，为它们命名如"卫生间 1""卫生间 2"和"设备间"。

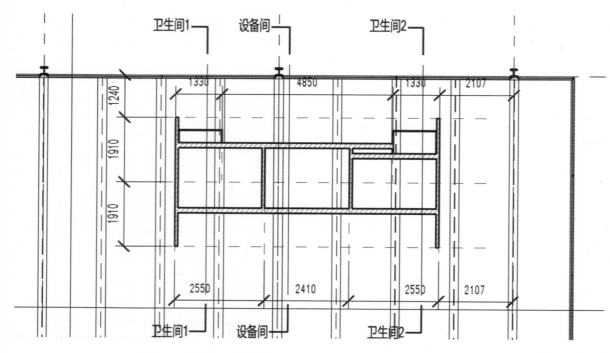

图 12.15 复制得到三个分别剖切左右卫生间与壁炉的剖面

12.5.3 [步骤] 框选所有"核心筒"中的墙体，点击【修改 | 选中多个】上下文功能选项卡 | 【选择】面板 | 【过滤器】工具，弹出【过滤器】对话框，在菜单中只勾选"墙"，按【确定】完成选择；在【属性】选项板 | 【约束】部分 | 【顶部偏移】信息栏中输入"-420"；完成墙顶标高调整。

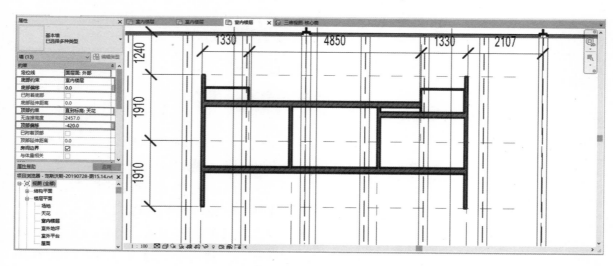

图 12.16 "核心筒"墙体顶底标高修改

㉟ 在这里，不止构件本身的构造层次是通过"写"参数来完成的，连其定位标高都是在属性面板中"写"出来的，这是参数化建模的又一个经典的例证。建筑要素的高度，比起平面布置来，往往有更明确的技术和功能需求，所以在 Revit 建模中，标高参数的联动和管理，是非常重要的课题。这需要在实践中不断积累经验和技巧。

12.5.4 [步骤] 进入"室内楼层"平面视图。

12.5.5 [步骤] 设置 120 mm 厚水平板类型（台面板）：【建筑】功能选项卡 |【构建】面板 |【楼板】下拉菜单中选择【楼板 : 建筑】工具，绘制区域进入编辑模式；在【属性】选项板中选择族类型"常规 -150"，点击【编辑类型】按钮，弹出【类型属性】对话框：

图 12.17 【楼板 : 建筑】工具

12.5.5.1 [步骤] 点击【复制】按钮，弹出【名称】对话框，键入名称如"室内 - 水平板 -120mm"，按确定完成命名。

12.5.5.2 [步骤] 在【类型参数】菜单 |【结构】部分 |【结构】栏点击【编辑】按钮，弹出【编辑部件】对话框。

12.5.5.3 [步骤] 在【层】参数表的"结构 [1]"项的【材质】栏中默认参数为"< 按类别 >"，激活【材质】栏，在栏右侧出现设置按钮，点击按钮弹出【材质浏览器】对话框，选择 [12.2.2.1] 步设置的"木 - 浅色"，按【确定】完成材质设置并退出【材质浏览器】；在"结构 [1]"的【厚度】栏中键入"120"，按【确定】完成类型属性设置并退出【类型参数】菜单。

12.5.5.4 [步骤] 回到【类型属性】对话框，按【确定】完成类型创建。

12.5.6 [步骤] 创建台面板：在【属性】选项板的【约束】部分中，在【标高】下拉菜单中选择"室内楼层"，在【自标高的高度偏移】栏内键入"920"；点击【修改 | 创建楼层边界】上下文功能选项卡 |【绘制】面板 |【矩形工具】工具，在平面视图（仍在编辑模式）中捕捉关键点，依据设计画出台板；勾选【修改 | 创建楼层边界】上下文功能选项卡 |【模式】面板 |【完成编辑模式】（"√"）完成创建。㉟

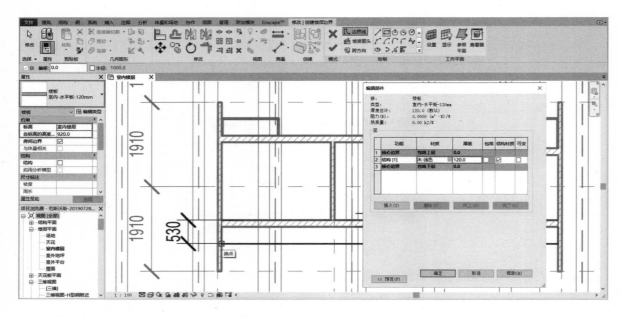

图 12.18 设置 120 mm 厚水平板类型并绘制范围如图

12.5.7 [步骤] 将水平板北侧 150 mm 墙体向南复制 530 mm 到水平板南侧，进入"卫生间 1"剖面视图，根据原作剖面关系调整调整剖面关系：基于台面高 920 mm，在【属性】选项板【约束】部分的【底部约束】【底部偏移】【顶部约束】【顶部偏移】四个信息栏选择或键入准确的数据；注意：台面板板面盖住其下侧墙体，而台面板侧边应被其外侧墙体覆盖。

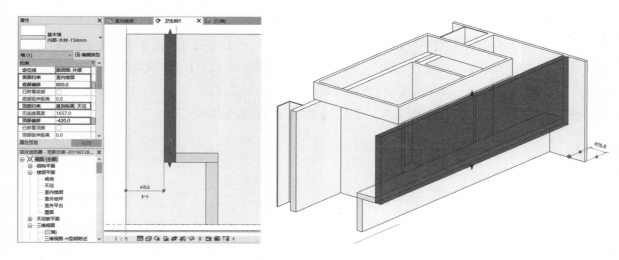

图 12.19 调整剖面关系

86 "是否希望将高达此楼层的墙附着到此楼层的底部"是一个很有趣的建筑学选项。本例中，由于密斯对多数建筑细节都有特殊的处理，所以我们几乎取消了所有自动化或智能化的选项。但是在其他的设计情境中，在比较常规化或标准化的设计要求下，这些功能可能是非常有用和高效的。

12.5.8 [步骤] 设置 80 mm 厚水平板类型（顶板）：在【建筑】功能选项卡 |【构建】面板 |【楼板】下拉菜单中选择【楼板：建筑】；在【属性】选项板中选择"室内 - 水平板 -120mm"；点击【编辑类型】按钮，弹出【类型属性】对话框；点击【复制】按钮，弹出【名称】对话框并进入新名称如"室内 - 水平板 -80mm"，按【确定】完成命名，回到【类型属性】对话框；点击【类型参数】菜单 |【构造】部分 |【结构】栏的【编辑】按钮，进入【编辑部件】对话框；在【结构 [1]】的【厚度】栏中键入"80"；分别按【确定】退出【编辑部件】和【类型属性】对话框，完成设置。86

12.5.9 [步骤] 创建"核心筒"顶板：完成 [12.5.8] 步后，绘制区域仍然处于编辑模式；点击【修改 | 创建楼层边界】上下文功能选项卡 |【绘制】面板 |【矩形】工具，依"核心筒"顶板范围捕捉关键点绘制一个矩形，再用相同的工具依主管井外边界范围再绘制一个矩形；勾选【修改 | 创建楼层边界】上下文功能选项卡 |【模式】面板 |【完成编辑模式】（【√】），完成创建并退出编辑模式（若弹出窗口询问"是否希望将高达此楼层标高的墙附着到此楼层的底部？"，选"否"）。

12.5.10 [步骤] 设置顶板标高：保持顶板在选中状态；在【属性】选项板中的【约束】部分下的【标高】下拉菜单中选择"天花"，在【自标高的高度偏移】栏中键入"-420"。

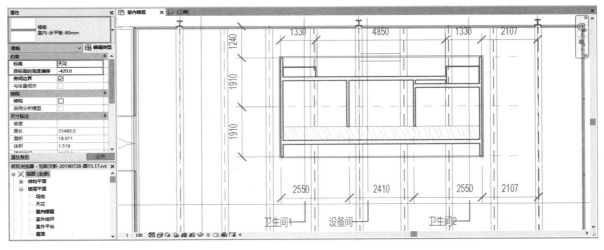

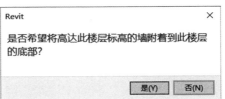

图 12.20 设置核心筒顶板类型、绘制并设置顶板标高

12.5.11 [步骤] 设置 20 mm 厚的水平板类型（厨房吊柜横隔板）：在【建筑】功能选项卡丨【构建】面板丨【楼板】下拉菜单中选择【楼板：建筑】，绘制区域进入编辑模式；在【属性】选项板中选择 [12.5.5] 步中设置的"室内 - 水平板 -120mm"；点击【编辑类型】按钮，弹出【类型属性】对话框；点击【复制】按钮，弹出【名称】对话框并进入新名称如"室内 - 水平板 -20mm"，按【确定】完成命名，回到【类型属性】对话框；点击【类型参数】菜单丨【构造】部分丨【结构】栏的【编辑】按钮，进入【编辑部件】对话框；在【结构 [1]】的【厚度】栏中键入"20"；分别按【确定】退出【编辑部件】和【类型属性】对话框，完成设置。⑧⑦

12.5.12 [步骤] 创建厨房吊柜横隔板：令绘制区域仍然处于编辑模式；点击【修改丨创建楼层边界】上下文功能选项卡丨【绘制】面板丨【拾取线】工具，根据横隔板的范围拾取相关参照边界线；用【修改】面板中的【修剪 / 延伸为角】工具连接各段边界线，获得准确的横隔板轮廓；在【模式】面板中勾选【完成编辑模式】完成创建。

12.5.13 [步骤] 设置横隔板标高：保持顶板在选中状态；在【属性】选项板中的【约束】部分下的【标高】下拉菜单中选择"室内楼层"，在【自标高的高度偏移】栏中键入"1540"。

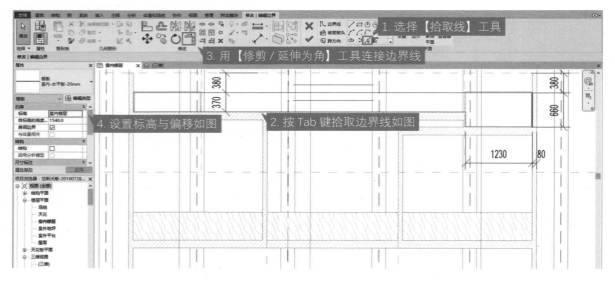

图 12.21　绘制厨房吊柜横隔板

⑧⑦ 定义创建对象

在 BIM 平台下工作，如何定义创建对象是非常重要的事情，这并不只于影响设计表达中对这些对象的称谓，更多的是设定了一些前提性的技术条件，比如定义为屋顶的板面就不可能绝对竖直，再比如一旦定义为外墙就一定要区分内外等等。

在本例中，这个"核心筒"究竟算是家具呢还是房间呢？它作为房间的墙体同时也构成了橱柜、壁炉的家具部分，这是一系列建筑做法的家具？还是一个家具做法的建筑单体？鉴于西方现代主义里"新精神"运动的传统，这些疑问似乎又不必解答。于是就有了我们在模型创建时定义它们的难题。

在这里，由于"核心筒"在空间定义中有着举足轻重的作用，所以它首先是"建筑的"，于是我们把构成"核心筒"所有的板材都定义成墙和楼板，并不把橱柜、隔板等家具元素区分出来，仅仅区分不同厚度的竖直板与水平板的构成逻辑。

其实换个思路，因为"核心筒"完全内置于建筑空间内部且自身围合成一个箱体，将它的所有板材都定义成家具板，应该也不影响模型在建筑意义上的成立。这种在初始定义上的两可，恰恰反映了建筑师在设计上要表达的特质。

12.5.14 进入"三维视图 - 核心筒"视图检视关系是否准确。

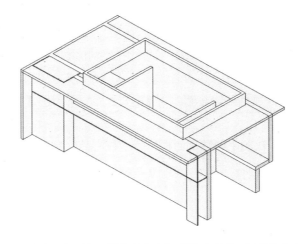

图 12.22 　"三维视图 - 核心筒"视图中"核心筒"水平构件与剖面关系

12.6 修剪隔墙

12.6.1 进入"三维视图 - 核心筒"视图检视，会发现卫生间与设备间之间的隔墙以及设备间台面板上的隔墙都从底部悬挑位置突出出来，需要修剪。

12.6.2 [步骤] 在"三维视图 - 核心筒"视图中，通过调整剖面框令模型在视图中能同时看到台面板和设备间伸出的突出隔墙。

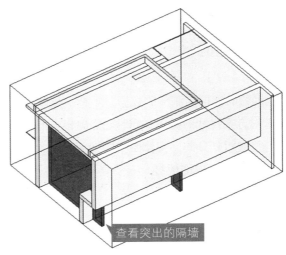

查看突出的隔墙

图 12.23 三维视图中突出的隔墙

12.6.3 [步骤] 在"三维视图 - 核心筒"视图中通过调整剖面框令视图中截取能看到隔墙的部分，在绘制区域右上角的【View Cube】中选择"左"，进入编辑隔墙轮廓的正投影。⑧⑧

12.6.4 [步骤] 选中隔墙并双击隔墙，绘制区域进入编辑模式，编辑隔墙轮廓；点击【修改 | 编辑轮廓】上下文功能选项卡 | 【绘制】面板 | 【拾取线】工具，在绘制区域中拾取台板上皮线及台板下部隔墙的内皮线；点击【修改 | 编辑轮廓】上下文功能选项卡 | 【修改】面板 | 【修剪 / 延伸为角】工具，连接拾取线与墙边界线，获得正确的隔墙轮廓；在【模式】面板下勾选【完成编辑模式】，修改完成。（两面隔墙的修改方法相同）⑧⑨

12.6.5 在"三维视图 - 核心筒"视图中调整剖面框，令"核心筒"完全显示，变换视角检查修改后整体关系是否准确。

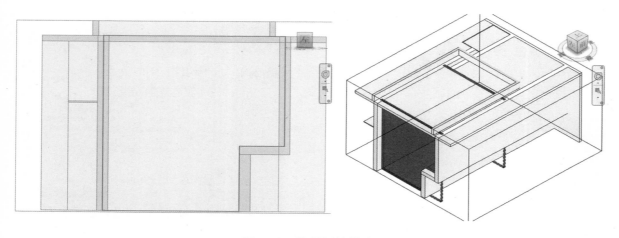

图 12.24　编辑隔墙轮廓

12.7　创建橱柜分格及柜门面板

12.7.1 橱柜的柜门应该是等距排列的，但实测图的数据并不精准反映这一设计意图，所以我们在创建这些元素的时候，还会伴随着对方案尺寸的微调，同时确定橱柜内部的分格。

12.7.2 橱柜内是用 20 mm 厚的竖向板划分的，实测图中的细部显示，"核心筒"的侧板并不直接作为橱柜的侧板，而是另贴附了一层 20 mm 厚的板材。

⑧⑧ 在三维视图中进入正投影和直接在立面图上针对立面做工作是有区别的：由于三维视图中可以应用剖面框，它可以灵活地选择显示的范围以及剖切的位置，适合针对建筑局部的深化和修改，在设计推敲过程中，有很强的即时性；而在立面视图中，建筑立面是相对确定的呈现，它是更标准和全面的成果表达，但缺乏灵活性。

⑧⑨ 许多非信息化的建模软件中，在墙体上开洞或者裁切缺口往往习惯用布尔运算来做体量剪切，因为建模只需要为最终的几何形态负责就行了；但在 Revit 中，这样的工作多数情况下是通过给轮廓放样来完成，这样构件本身的定义是独立和完整的，而不必像布尔运算那样引入剪切和被剪切的体量，给对象的定义造成困扰。

⓮[赏析] 其实到这一步，是有机会通过微调橱柜门板宽度来重新推敲"核心筒"宽度的，密斯的设计在各种细节模数上都有微妙的匹配关系，这样的关系不仅通过实测图无法还原，也是在粗略的名作赏析中不可能涉及的。我们在这里触及了这些有趣的问题，但是鉴于这样的调整往往牵一发而动全身，在教材里就不继续讨论了。但希望可以抛砖引玉，有兴趣的读者可以尝试推敲，并同时熟悉和训练相关的 Revit 操作。

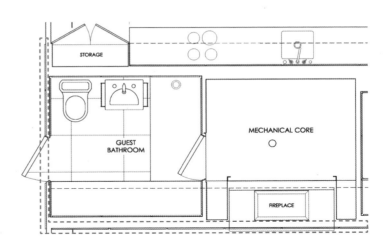

图 12.25 测绘图中的核心筒侧板

12.7.3 [步骤] 进入"室内楼层"平面视图；将 [12.3.8][12.3.9] 步创建的竖向隔板以原端头橱柜的宽度为基准连续复制（选中后用【复制】命令），令其大致均分橱柜，注意要在两端侧板上也贴附一块相同的板材。

12.7.4 [步骤] 用【对齐尺寸标注】工具连续标注这些分格板中心线的间距，点击尺寸标注上方的【EQ】标记令其均分，标注数据显示"EQ"；再次点击【EQ】标记，标注显示数值"1222"。⓮

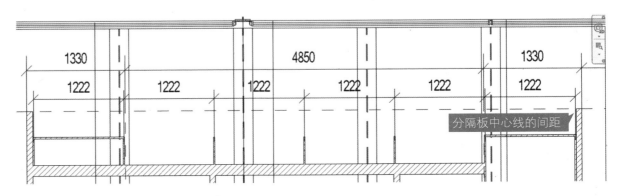

图 12.26 均分的竖向隔板中心线间距为 1222

12.7.5 [步骤] 进入"三维视图 - 核心筒"视图，并调整剖面框令模型单独显示"核心筒"部分；点击【View Cube】上的"后"视图，令"核心筒"橱柜一侧进入正投影。

12.7.6 [步骤] 修剪竖向分格板：用【修改】功能选项卡|【修改】面板|【对齐】工具，选中橱柜横隔板上皮或上部柜门面板下皮作为对齐参照，选择竖向隔板下端对齐。

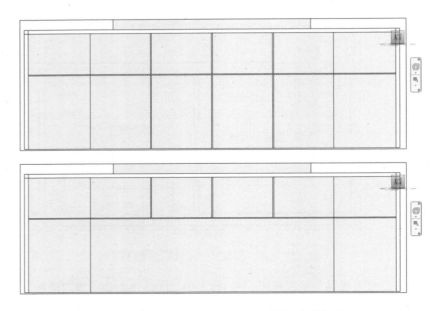

图 12.27 修剪前（上）、后（下）的竖向分隔板

12.7.7 [步骤] 创建柜门面板：选中橱柜端头与"核心筒"等高的封板（这其实应该是柜门）；用【修改 | 墙】上下文功能选项卡 |【修改】面板 |【对齐】工具，捕捉柜门边界与 20 mm 厚的水平及竖向橱柜隔板的内皮对齐（这样每个橱柜分格将以竖向隔板为间距自然分缝），得到一个下部高柜的柜门面板；进入"室内楼层"平面视图，选中柜门，右键点击柜门与其两侧竖向隔板间相连处的蓝色原点，选择"不允许连接"，取消其自动连接并相容的属性；用【修改】功能选项卡 |【修改】面板 |【修剪 / 延伸单个图元】工具调整细部关系，令柜门面板与竖向隔板的端头成顶角关系；端部高柜门面板创建完成。⑨

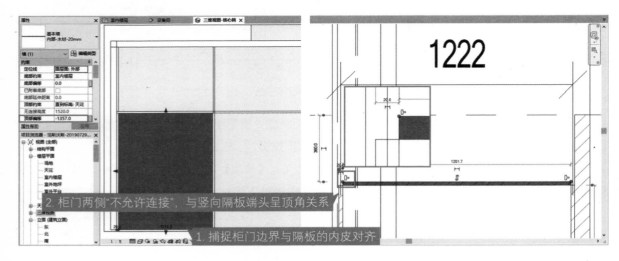

图 12.28 修改橱柜端头封板的顶底偏移、两侧定位（创建柜门）

⑨ 高柜门面板用于为后续步骤中分双扇开启的柜门板定位，确定柜门的位置以及与壁柜的交接关系。

12.7.8 [步骤] 回到"后"投影的"三维视图 - 核心筒"视图，检视关系是否准确；删除对称位置的封板，并将创建好的高柜门面板复制到另一侧。

12.7.9 [步骤] 选中高柜门面板；复制到上部橱柜，捕捉令底部与横隔板上沿对齐，通过拖曳造型操纵柄（蓝色箭头）或用【对齐】工具将门板与"核心筒"顶板的下沿对齐；完成上部橱柜柜门面板创建。

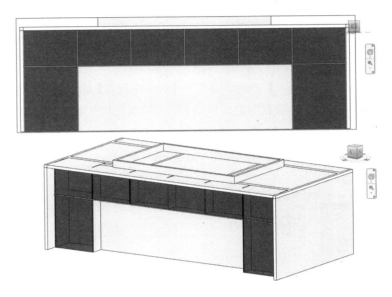

图 12.29　复制完成橱柜柜门创建

12.7.10 [步骤] 以柜门面板为基础创建双扇柜门：

12.7.10.1 [步骤] 在"三维视图 - 核心筒"视图中调整剖面框，令其顶端水平剖切上部橱柜，从【View Cube】选择"上"投影，进入可检视橱柜剖切平面的视角。

12.7.10.2 [步骤] 选中其中一扇柜门，拖动端头的造型操纵柄（蓝色圆点）至中点处，将面板宽度减半成为门板。

12.7.10.3 [步骤] 选中门板，右键点击端头的造型操纵柄（蓝色圆点），在菜单中选择"不允许连接"，以避免紧挨在一起的门自动连接为一体。

12.7.10.4 [步骤] 用【复制】命令复制另一扇门，令它们沿中缝对齐。

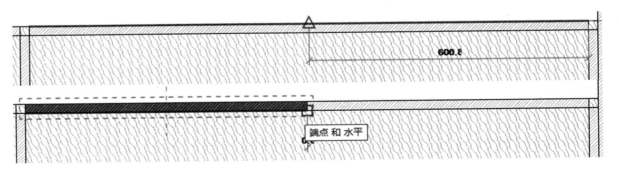

图 12.30　以柜门面板为基础创建双扇柜门

12.7.11 [步骤] 选中刚创建好的一组双扇门板；用【复制】工具，在选项栏中勾选【多个】，捕捉关键点将柜门连续复制到上部橱柜的其他分格处；如出现无法捕捉的情况，可取消勾选【约束】。⑨1

12.8　创建高柜门

12.8.1 [步骤] 载入门族：点击【插入】功能选项卡丨【从库中载入】面板丨【载入族】工具，弹出【载入族】对话框，在储存路径中载入教材附带的自定义族"单嵌板双开木门 - 圆球把手 .rfa"；点击【建筑】功能选项卡丨【构建】面板丨【门】工具；在【属性】选项板的族类型下拉菜单中选择刚刚载入的"单嵌板双开木门 - 圆球把手"下选择"1500×2100mm"。

图 12.31 载入"单嵌板双开木门 - 圆球把手 .rfa"门族

12.8.2 [步骤] 设置参数：点击【编辑类型】按钮，弹出【类型属性】对话框；点击【复制】按钮复制一个类型，重命名如"1200×1520mm"，按【确定】完成命名；在【类型参数】的【尺寸标注】部分设置：【厚度】栏键入"20"，【粗略宽度】栏键入"1200"，【粗略高度】栏键入"1520"，按【确定】；在【材质和装饰】部分设置：点击【把手材质】栏右侧小按钮，在弹出的【材质浏览器】中选择"铜"，点击【门嵌板材质】栏右侧小按钮，在弹出的【材质浏览器】中选择"木 - 浅色"；完成设置。

12.8.3 [步骤] 创建高柜门：进入"室内楼层"平面视图；将鼠标光标悬停在打算开门的墙段，墙段上相应位置会显示门的开启方式，按空格键切换开启方向，左键单击完成开门；用【对齐尺寸标注】工具，标注门两侧分隔板中心线及门的中心线，参考 [12.7.4]，点击尺寸标注上方的【EQ】标记令其均分，标注数据显示"EQ"，确认门与分隔板开间居中对齐。⑨2

⑨1 在方案深度的建模过程里，我们不必令柜门打开，只通过相对准确的建模推敲它的外观，所以通常我们会把它建成板材。在密斯的设计中，"核心筒"上的家具跟隔墙并不是泾渭分明的，所以本例中直接将家具隔板及门板创建成跟建筑墙、板相同的族，一方面反映密斯的设计意图，另一方面也省却了另外设置参数的麻烦。

⑨2 注意：在 Revit 中创建门，是一定要将门开在某一面墙体上的，当然，这面墙体的范围要大于或等于门的范围——这些规则来自门的建筑学意义。所以在如高柜门这样的情形中，这对门是安装在橱柜的两面侧板之间的，但仍然要将门开在原本为了给柜门定位而创建的面板上的，因为两者等大，在放置了门之后，面板不见了，但它其实仍然存在，且仍然可以被选中，如果删除这面墙，门也将随之被删除。

　　总结一个建模的策略：当要创建一扇独立、无墙的门的时候，要创建一面与门等大的墙，将门开在这面墙上；而在打算复制、移动、修改这扇门的时候，别忘了同步处理那面"隐形"的墙。

㊽ 通常家具中的门不建议用门族来创建，本例中为了比较方便地得到门族中自带的球形把手，姑妄为之。

在 BIM 的操作中，对一类构件或元素的定义并不一定有唯一解，它依据建模人对所创建的对象的理解，以及计划会对它进行的后续操作来决定。尽管如此，在无法明确判断该如何定义对象时，我们仍建议按照建筑本身的特征和属性来定义这些对象。

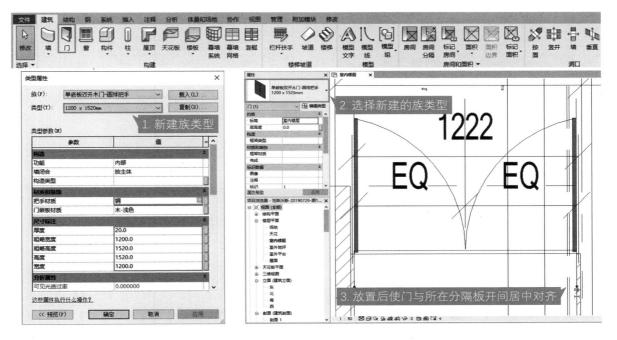

图 12.32 新建门族类型并放置、对齐高柜门

12.8.4 [步骤] 用【复制】工具将高柜门复制到另一端高柜处，并参考 [12.8.3] 的操作，用【对齐尺寸标注】工具将其与所在分隔板开间居中对齐。㊽

12.9 创建卫生间门

12.9.1 [步骤] 载入门族：点击【插入】功能选项卡 |【从库中载入】面板 |【载入族】工具，弹出【载入族】对话框，在储存路径中载入教材附带的自定义族"单嵌板木门 - 无门套 .rfa"；点击【建筑】功能选项卡 |【构建】面板 |【门】工具，在【属性】选项板的族类型下拉菜单中选择刚刚载入的"单嵌板木门 - 无门套"下选择"700×2100mm"。

图 12.33 载入"单嵌板木门 - 无门套 .rfa"门族

12.9.2 [步骤] 设置参数：点击【编辑类型】按钮，弹出【类型属性】对话框；点击【复制】按钮复制一个类型，重命名如"730×2340mm"，按【确定】完成命名；在【类型参数】的【尺寸标注】部分设置：【厚度】栏键入"80"，【粗略宽度】栏键入"730"，【粗略高度】栏键入"2340"，按【确定】；在【材质和装饰】部分设置：点击【把手材质】栏右侧小按钮，在弹出的【材质浏览器】中选择"铜"，点击【门嵌板材质】栏右侧小按钮，在弹出的【材质浏览器】中选择"木 - 浅色"；完成设置。

12.9.3 [步骤] 进入绘制区域，将鼠标光标悬停在打算开门的墙段，墙段上相应位置会显示门的开启方式，按空格键切换开启方向，左键单击完成开门；用【对齐】工具将门轴端与 [12.1] 步放置的核心筒中轴线处的参照平面对齐。

12.9.4 [步骤] 用【镜像 - 绘制轴】工具捕捉"核心筒"中轴线将刚刚创建的门复制到对面的墙上。

12.9.5 [步骤] 用【复制】工具将卫生间门复制到相应的设备间墙段上。⑨④

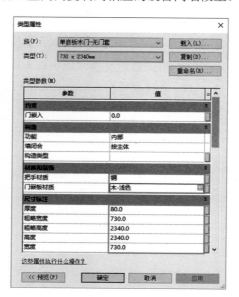

⑨④ 通过复制或镜像获得的门，也会直接在墙上打开门洞，并与它所附着的墙体关联，其效果跟新创建的门是一样的。

(95)[12.10.2] 步涉及两个非常值得注意的操作：第一，选择“不允许连接”，令饰板独立于墙体——在多数时候，“允许连接”都是一项非常实用的功能，所以“不允许连接”的情形很容易被忽略；第二，由于同类饰板都是相同的规格，在修改时也希望同步修改，这样的情况下，创建模型组就是一个非常实用的策略。

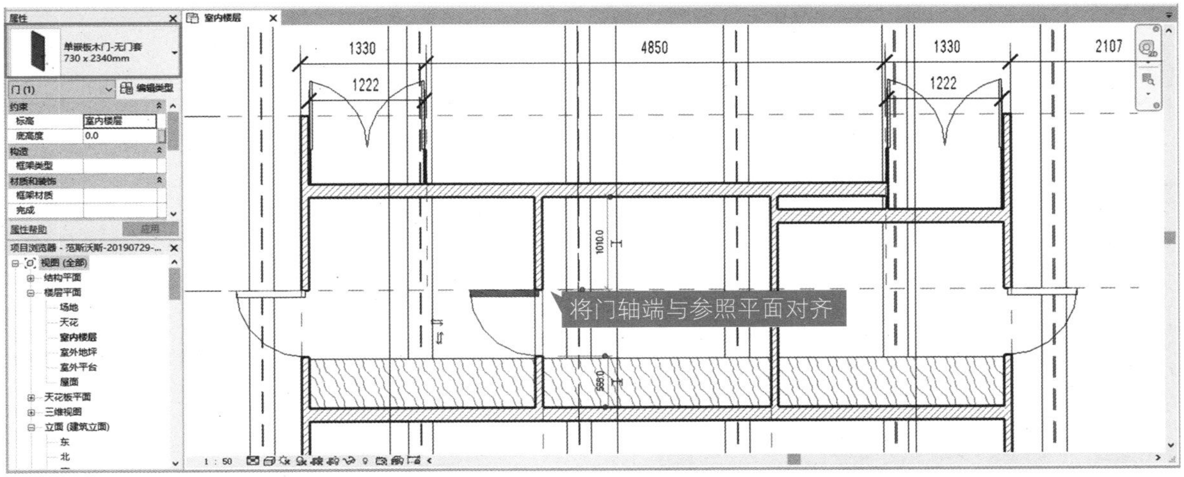

图 12.34　新建门族类型并放置、对齐卫生间与设备间门

12.10 创建“核心筒”短边木饰板

12.10.1 [步骤] 点选【建筑】功能选项卡 | 【构建】面板 | 【墙】工具，在【属性】选项板的族类型菜单中选择“内部 - 木材 -20mm”。

12.10.2 [步骤] 进入“室内楼层”平面视图，在平行于“核心筒”短边方向靠近卫生间门的位置绘制一个 730 mm 长的墙段，右键分别点击墙段两端的造型操纵柄（蓝色圆点），选择“不允许连接”；选中墙段，点击【修改 | 墙】上下文功能选项卡 | 【创建】面板 | 【创建组】工具，令墙段成组，模型组命名如“饰板 1”。(95)

12.10.3 [步骤] 选中饰板模型组，点击【修改 | 墙】上下文功能选项卡 | 【成组】面板 | 【编辑组】工具，进入编辑模式；进入“三维视图 - 核心筒”视图，通过调整剖面框和调整视角，找到一个方便同时检视饰板和卫生间门的角度，用【对齐】工具令饰板上下沿分别与卫生间门的上下沿对齐；在【编辑组】面板中勾选【完成】（【√】），完成饰板编辑。

12.10.4 [步骤] 进入“室内楼层”平面视图；用【移动】工具将饰板贴在墙表面；用【对齐】工具令饰板一端与门洞取齐；用【移动】工具令饰板与门洞脱开 20 mm；以相同的 20 mm 间距关系将饰板复制到此面墙其他位置。

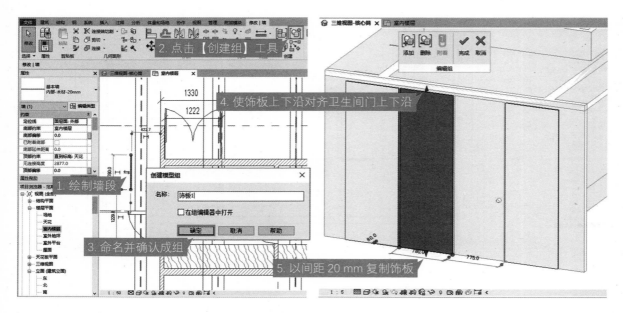

图 12.35 创建饰板模型组并定位饰板

12.10.5 此时发现：[12.9] 步创建的卫生间门与墙面是平的，在密斯的设计意图里，这扇门应突出墙面 20 mm 与饰板取齐，所以我们需要重新定位和创建这扇门。

12.10.6 [步骤] 进入"三维视图 - 核心筒"视图，调整剖面框令其只显示核心筒，在【View Cube】中点选"左"视图令正在编辑的面进入正投影。

12.10.7 [步骤] 编辑墙轮廓：

12.10.7.1 [步骤] 双击这一面墙段进入轮廓编辑模式。

12.10.7.2 [步骤] 用【修改 | 编辑轮廓】上下文功能选项卡 |【绘制】面板 |【拾取】工具捕捉卫生间门的左、右、上三边，捕捉绘制卫生间门的轮廓。

12.10.7.3 [步骤] 用【修改 | 编辑轮廓】上下文功能选项卡 |【修改】面板 |【拆分图元】工具打断门下侧的墙下边线，并用【修剪 / 延伸为角】工具连接两边墙下边线与门框两侧边线——在墙面上开了一个与门大小吻合的洞。

⑯ 当门在所剪切的墙段被去除了，那么门就会出现如本例中的错误。这也解释了如 [12.8.3] 步中为什么哪怕是一扇独立的门，也要创建一面与门等大的墙体供其剪切。

⑰ 这一步取消各方向连接的操作非常重要，否则，下一步的开门仍然会以原墙段而非突出 20 mm 的填补墙段为基准。

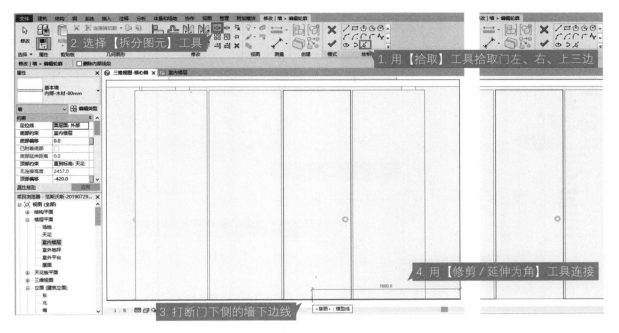

图 12.36 编辑墙轮廓

12.10.7.4 [步骤] 在【模式】面板下勾选【完成编辑模式】完成对墙的编辑。

15.10.7.5 [步骤] 在弹出的窗口中选择【删除实例】，删除卫生间门。⑯

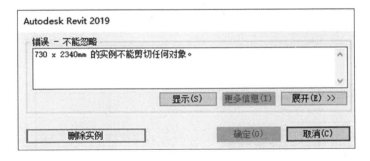

图 12.37 选择【删除实例】

12.10.7.6 检视墙上缺口关系是否准确。

12.10.8 [步骤] 进入"室内楼层"平面视图；点击【建筑】选项卡 |【构建】面板 |【墙】工具，在【属性】选项板的族类型菜单中选择"内部 - 木材 -80mm"，以外错 20 mm 的位置绘制墙线填补门洞缺口；进入"三维视图 - 核心筒"视图，用【对齐】工具将新创建的填补墙段的上下端与饰板的上下端平面取齐。

12.10.9 [步骤] 选中填补墙段，右键点击两端造型操纵柄并选择"不允许连接"；在【属性】选项板的【约束】部分的【顶部约束】下拉菜单中选择"未连接"。⑰

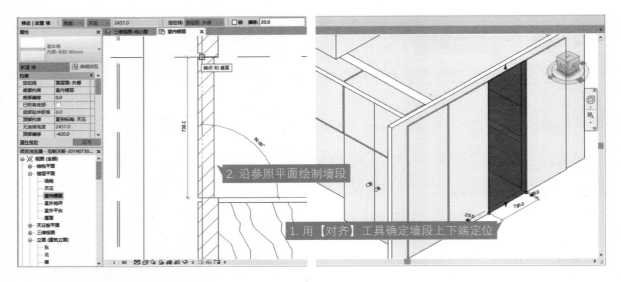

图 12.38　绘制填补的墙段

12.10.10 [步骤] 回到平面视图；参考 [12.9.3] 步的操作，将卫生间门（"730×2340mm"）开在后补的突出墙段上。⑮

12.10.11 [步骤] 由于"核心筒"两个短边墙是对称的，所以删除另一端墙体，选中刚刚编辑好的墙段，连带门、填补洞口的墙段（注意：门开在填补墙段上，这个墙段虽然看不见，但仍然是存在的，也要框选在内）和饰板，通过【镜像 - 绘制轴】工具复制到另一端。

12.11　创建"核心筒"长边木饰板

12.11.1 [步骤] 参考 [12.10.1][12.10.2] 步的操作，在"核心筒"长边创建一块 20 mm 厚、900 mm 长的墙段作为木饰板，成组并命名如"饰板 2"。

12.11.2 [步骤] 进入"室内楼层"平面视图；应用【移动】工具，令饰板贴附在墙面，并与端头间距 12 mm。

12.11.3 进入"三维视图 - 核心筒"视图，调整剖面框令其只显示核心筒，在【View Cube】中点选"前"视图令壁炉侧的面进入正投影。

12.11.4 [步骤] 修改木饰板竖向定位：

12.11.4.1 [步骤] 选中饰板模型组，点击【修改 | 墙】上下文功能选项卡 |【成组】面板 |【编辑组】工具，进入编辑模式。

12.11.4.2 [步骤] 选中饰板，将【属性】选项板中的【底部偏移】值改为 820（令饰板下边在悬挑

⑮ [赏析] 为了让门从墙面突出 20 mm，在建模上费了很多周折。这也是因为 Revit 平台的建筑学属性，因为通常状况下，门绝不会突出墙面。其实这样的构造在现实里一样大费周章，对门轴、门框等都提出了非常特出的要求，从技术上是非常牵强的做法。

　　但是从这一点上，我们也能看到密斯对他的设计意图的近乎偏执的追求——他不希望门看起来是门，而是希望门能跟墙面的饰板真假难辨，这样，"核心筒"就不再表现为一个开了门洞的"房间"，而是一个完整、匀质的方正体量。

⑨⑧ 调整墙的底部偏移

　　调整墙的底部偏移一般不使用【编辑轮廓】工具，而是通过调整【属性】面板中的顶底偏移参数实现，因为在【编辑轮廓】工具中修改顶底轮廓，【属性】面板中的顶底偏移参数并不会跟随调整，这会导致【属性】面板中的参数无法直接反映墙体的定位。

段下沿以上 20 mm 处），【顶部偏移】值改为 -537（与"核心筒"短边的木饰板上沿齐）。

12.11.4.3 [步骤] 在【编辑组】面板中勾选【完成】（【√】），完成饰板编辑。⑨⑧

12.11.5 [步骤] 综合运用【复制】等工具，将木饰板以 18 mm 间距排列布满"核心筒"南侧长边墙面。

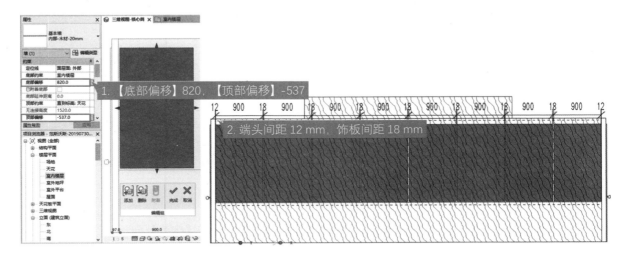

图 12.39 创建"核心筒"长边木饰板

12.12 创建洁具

12.12.1 [步骤] 点击【插入】功能选项卡｜【从库中载入】面板｜【载入族】工具，弹出【载入族】对话框；通过路径："Libraries\China\ 建筑 \ 卫生器具 \3D\ 常规卫浴 \ 坐便器"进入"坐便器"文件夹中检视族列表（在【查看】下拉菜单中选择"缩略图"可通过缩略图检视大致样式），选择"连体式坐便器"，按【打开】载入族。

图 12.40 载入"连体式坐便器"族

12.12.2 [步骤] 进入"室内楼层"平面视图；在【建筑】功能选项卡｜【构建】面板｜【构件】下拉菜单下选择【放置构件】；选择默认规格，在绘制区域中放置座便器，按空格键选择方向。

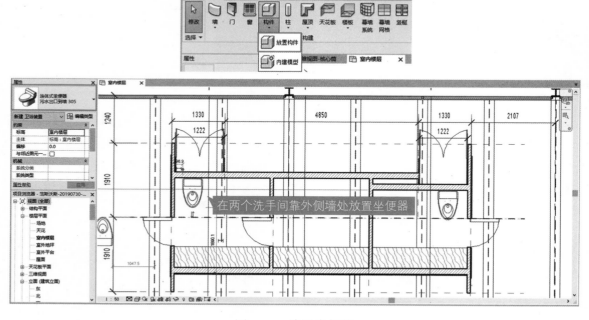

图 12.41 放置坐便器

12.12.3 [步骤] 点击【插入】功能选项卡｜【从库中载入】面板｜【载入族】工具，弹出【载入族】对话框；通过路径："Libraries\China\ 建筑 \ 卫生器具 \3D\ 常规卫浴 \ 洗脸盆"进入"洗脸盆"文件夹中检视族列表，选择"台下式洗脸盆"，按【打开】载入族。

⑨ 在 Revit 中提供了种类相对齐全的洁具、家具的族，在方案推敲过程中，以及对室内表达不要求特别严格的建筑专业的各阶段成果表达中，选择与设计意图相近的族就可以了，尽管也许模型中的样式与实际设计略有出入，但相关的控制性数据却仍可以精确地在类型参数中记录并表达出来。

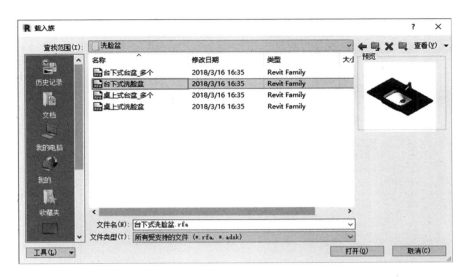

图 12.42　载入"台下式洗脸盆"族

12.12.4 [步骤] 在【建筑】功能选项卡 |【构建】面板 |【构件】下拉菜单下选择【放置构件】；在【属性】选项板的族类型菜单中选择"台下式洗脸盆 | 柜台 - 白橡木"；在【属性】选项板中点击【编辑类型】按钮，弹出【类型属性】对话框；按【复制】按钮并命名如"柜台 - 白橡木 -730×600"，按【确定】完成命名；在【类型参数】中的【尺寸标注】部分设置参数：在【柜台宽度】栏键入"730"，在【柜台深度】栏键入"600"；按【确定】完成编辑。⑨

12.12.5 [步骤] 在绘制区域中放置洗脸盆，按空格键选择方向。

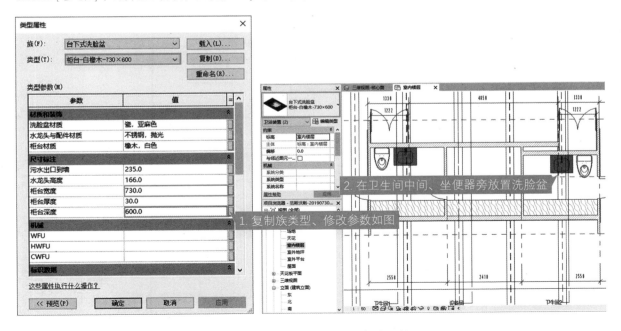

图 12.43　新建类型并放置洗脸盆族

12.12.6 [步骤] 点击【插入】功能选项卡｜【从库中载入】面板｜【载入族】工具, 弹出【载入族】对话框; 通过路径: "Libraries\China\ 建筑 \ 卫生器具 \3D\ 常规卫浴 \ 浴盆" 进入"浴盆"文件夹中检视族列表, 选择"浴盆 1 3D", 按【打开】载入族。

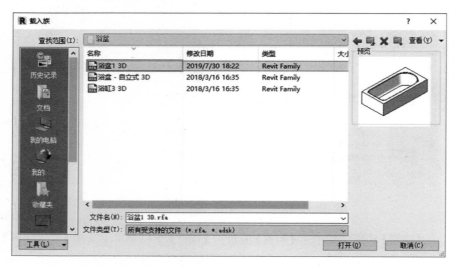

图 12.44 载入"浴盆 1 3D"族

12.12.7 [步骤] 进入"室内楼层"平面视图; 在【建筑】功能选项卡｜【构建】面板｜【构件】下拉菜单下选择【放置构件】; 在【属性】选项板的族类型菜单中的"浴盆 1 3D"下选择"1525×762mm"; 在【属性】选项板中点击【编辑类型】按钮, 弹出【类型属性】对话框; 按【复制】按钮并命名如 "1475×730mm", 按【确定】完成命名; 在【类型参数】中的【尺寸标注】部分设置参数: 在【深度】栏键入"730", 在【宽度】栏键入"1475"; 按【确定】完成编辑。

12.12.8 [步骤] 在绘制区域中放置浴盆, 按空格键选择方向; 用【移动】工具令浴盆与墙角卡齐。

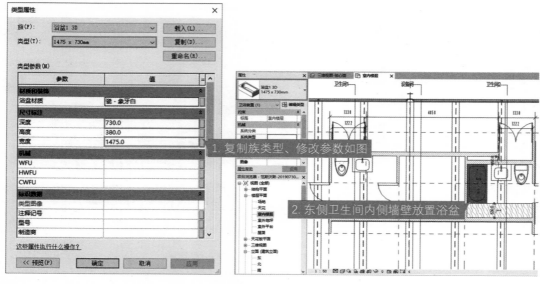

图 12.45 新建类型并放置浴盆族

12.12.9 [步骤] 点击【插入】功能选项卡 |【从库中载入】面板 |【载入族】工具, 弹出【载入族】对话框; 通过路径: "Libraries\China\ 建筑 \ 卫生器具 \3D\ 常规卫浴 \ 淋浴柱"进入"淋浴柱"文件夹中检视族列表, 选择"淋浴柱", 按【打开】载入族。

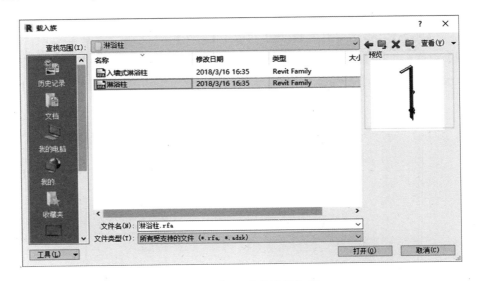

图 12.46　载入"淋浴柱"族

12.12.10 [步骤] 在【建筑】功能选项卡 |【构建】面板 |【构件】下拉菜单下选择【放置构件】; 选择默认规格, 在绘制区域中放置淋浴柱, 按空格键选择方向。

12.12.11 进入"三维视图 - 核心筒"视图, 调整剖面框剖切卫生间顶部或侧边, 检视洁具布置是否准确。

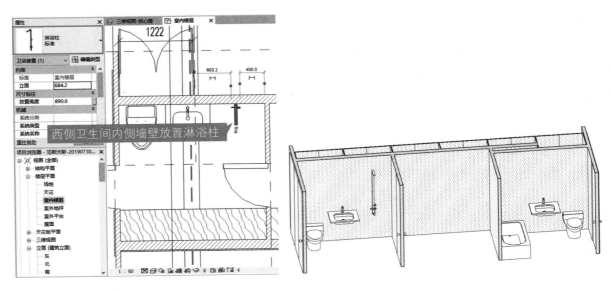

图 12.47　放置淋浴柱并在三维视图中检视洁具布置

⑩其实只要选择工作平面的方向是对的，就可以基于选定的工作平面开始创建，至于模型最终的定位和尺寸，都是可以在后续的操作中调整的。

12.13 创建厨房操作台

12.13.1 [步骤] 在【建筑】功能选项卡｜【构建】面板｜【构件】下拉菜单下选择【内建模型】，弹出【族类别和族参数】对话框，在【族类别】菜单中选择"家具"，按【确定】完成选择，可沿用默认名称；绘制区域进入编辑模式。

图 12.48 创建类型为"家具"的内建模型

12.13.2 [步骤] 进入"设备间"剖面视图；点击【创建】功能选项卡｜【形状】面板｜【拉伸】工具，弹出【工作平面】对话框，在【指定新的工作平面】下单选【拾取一个平面】，按【确定】回到绘制区域；选择剖面视图中可见的高橱柜侧板作为工作平面。

12.13.3 [步骤] 点击【修改｜创建拉伸】上下文功能选项卡｜【绘制】面板｜【矩形】工具，在绘制区域捕捉相关参照点绘制一个尺寸接近的橱柜下部石材基底的截面形；综合运用【移动】工具及尺寸标注，令截面处于准确的位置和尺寸；在【模式】面板中勾选【完成编辑模式】完成截面绘制，此时绘制区域仍处于创建内建模型的编辑模式。⑩

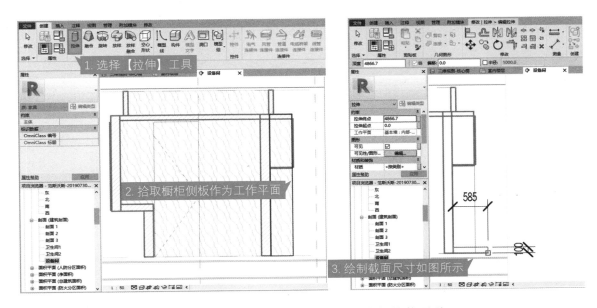

图 12.49 拾取工作平面并绘制石材基底拉伸截面形

12.13.4 [步骤] 选中刚刚创建的拉伸，在【属性】选项板｜【材质和装饰】栏｜【材质】中按【...】，弹出【材质浏览器】对话框，在搜索栏中输入"黑"，选择 [12.2.2.3] 步中创建的"石 - 黑色"材质，按【确定】完成材质设置。

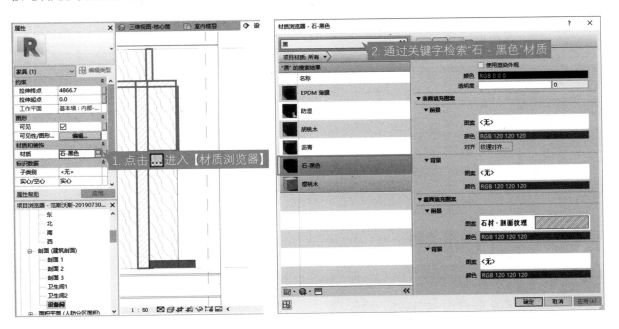

图 12.50 设置石材基底材质

12.13.5 进入"三维视图 - 核心筒"视图，用【对齐】工具令石材基底两端与相应的构件面对齐。

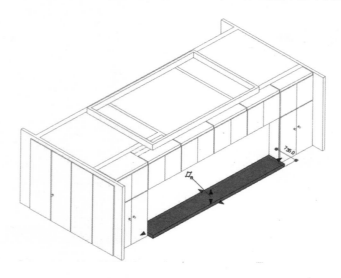

图 12.51 对齐石材基底两端

12.13.6 [步骤] 回到"设备间"剖面视图；选中刚刚创建的石材基底，在模型上点击【取消关联工作平面】；在剖面中复制石材基底模型，双击复制的模型进入编辑边界模式，根据橱柜尺寸编辑边界定位和尺寸；在【模式】面板中勾选【完成编辑模式】完成截面绘制。

12.13.7 进入三维视图检视关系是否准确。

12.13.8 [步骤] 参照 [12.13.4] 步，将台面下部橱柜材质设置为"木 - 白色"。

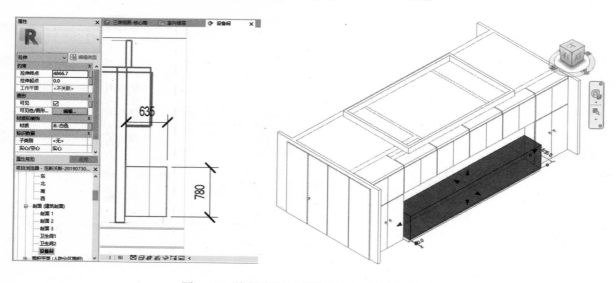

图 12.52 编辑台面下部橱柜截面尺寸与材质

12.13.9 [步骤] 参考 [10.3.12.1][10.3.12.2] 步，为该内建模型增加"木材""石材"两个材质参数。将台面下部橱柜、石材基底的材质分别于这两个材质参数关联，使得内建模型的所有构件材质都能通过类型属性里的材质参数统一控制。

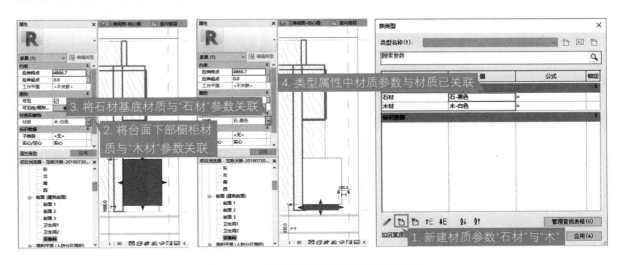

图 12.53　将构件材质与材质参数关联

12.13.10 [步骤] 勾选【创建】功能选项卡 |【在位编辑器】面板 |【完成模型】工具，完成台面下部橱柜的创建。

12.13.11 [步骤] 点击【插入】功能选项卡 |【从库中载入】面板 |【载入族】工具，弹出【载入族】对话框；通过路径："\Libraries\China\ 建筑 \ 橱柜 \ 家用厨房"进入"家用厨房"文件夹中检视族列表，选择"台面 - 带水槽"，按【打开】载入族。

图 12.54　载入"台面 - 带水槽"族

12.13.12 [步骤] 进入"室内楼层"平面视图；在【建筑】功能选项卡 |【构建】面板 |【构件】下拉菜单下选择【放置构件】；在【属性】选项板的族类型菜单中选择"台面 - 带水槽"；在【属性】选项板中点击【编辑类型】按钮，弹出【类型属性】对话框；按【复制】按钮并命名如"650mm 深"，按【确定】完成命名；在【类型参数】中的【尺寸标注】部分设置参数：在【柜台厚度】栏键入"35"，在【深度】栏键入"650"，在【宽度】栏键入"915"；在【材质和装饰】部分的【台面材质】一栏中，选择"不锈钢"材质，具体材质参数设置如图 15.51 所示；按【确定】完成编辑。

12.13.13 [步骤] 在绘制区域中放置台面，按空格键选择方向；在【属性】选项板的【尺寸标注】部分设置参数：在【长度】栏输入"4867"，在【水槽位置】输入"2155"，用【移动】工具令台面与墙角卡齐。

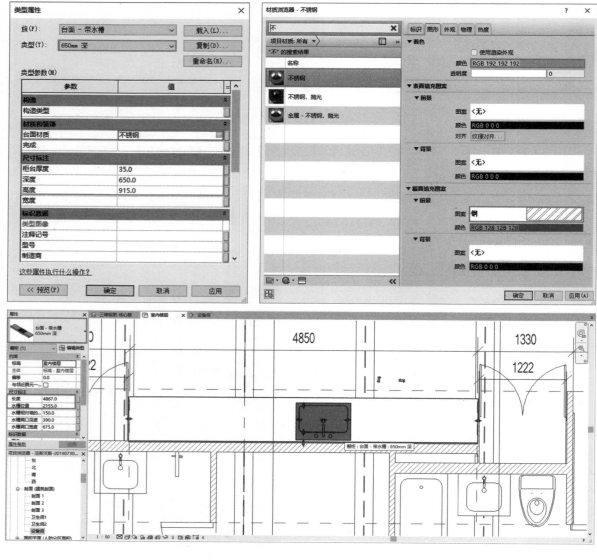

图 12.55 新建"台面 - 带水槽"族类型，设置台面尺寸参数并放置

⑩其实"核心筒"朝向起居室（南向）一侧还有壁炉没有创建，壁炉在现代主义空间中有着很特殊的意义，但是，由于我们已经在"核心筒"的创建中花了太多篇幅，以及从模型角度而言，壁炉对空间形态的影响并不大，所以在本例中省略了。有兴趣的读者可以自行创建。

12.13.14 [步骤] 点击【插入】功能选项卡│【从库中载入】面板│【载入族】工具，弹出【载入族】对话框，在储存路径中载入"炉灶面 -4 套 .rfa"。

图 12.56　载入"炉灶面 -4 套"族

12.13.15 [步骤] 在【建筑】功能选项卡│【构建】面板│【构件】下拉菜单下选择【放置构件】；在【属性】选项板的族类型下拉菜单中选择刚刚载入的"炉灶面 -4 套"下选择"0915×500mm"。

12.13.16 [步骤] 在绘制区域中放置炉灶面，按空格键选择方向。

12.13.17 进入"三维视图 - 核心筒"视图，检视上述布置是否准确。

12.13.18 至此，核心筒的全部内容创建完成。⑩

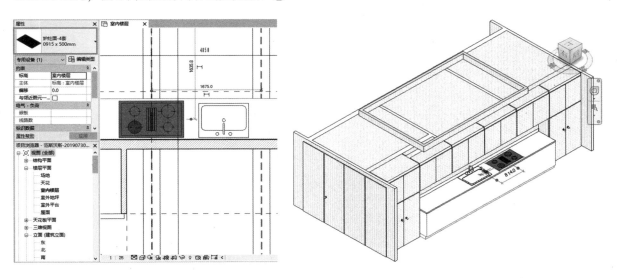

图 12.57　放置炉灶面并在三维视图中检视

120

132

18

第十三章

创建模板

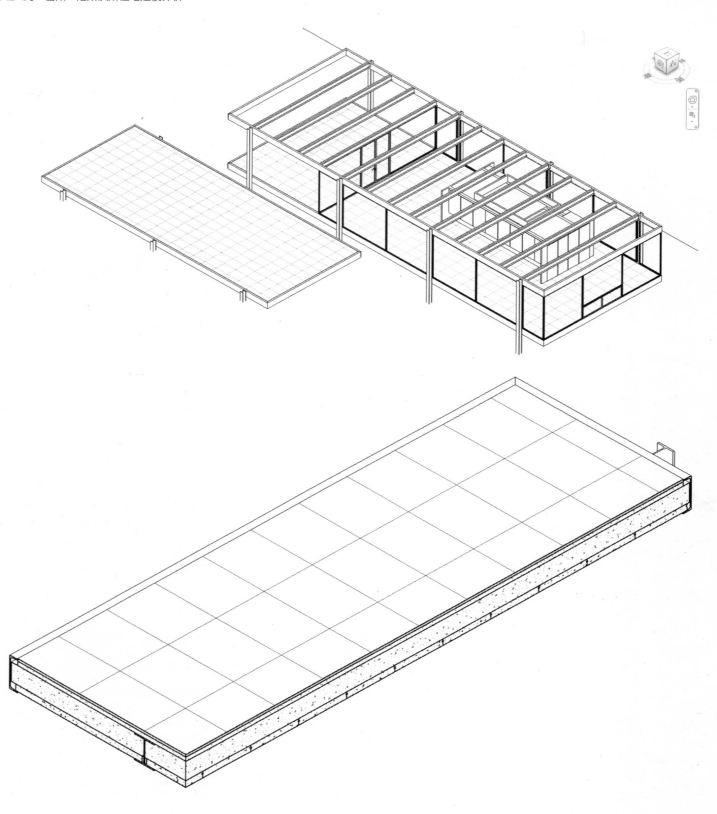

⓰ [赏析] 在美国国会图书馆公示的实测图中，并没有完整表达关于楼板结构板的详细数据，不同来源的资料对这个做法的表达也多有差异。比较让我们信服的一个版本的做法关系是：预制板缝、地面面层地砖缝与屋顶结构板的预制板缝——三种缝都是对齐的。一方面，这比较符合密斯追求精确逻辑的一贯作风，更重要的是：密斯在两侧地砖缝处设置了排水口，而这个排水口的排水路径恰恰从两侧预制板缝位置的预留口对位排出——起码这个位置的缝一定是对齐的，那么其他的拼缝没有道理错开。

因为对缝的关系，绝大多数的预制板和地砖都是等宽的。一个细微的特殊之处在于：两端的地砖边缘收到槽钢圈梁的翼缘板边缘就可以了，而预制板则须搭在槽钢的翼缘板内，于是两端的预制板宽度较地砖和其他预制板都更宽一些。用预制构件的不同尺寸来迁就缝的对位，这对于预制构件而言是不够合理的，但对于整体建筑的逻辑呈现而言，这又显得顺理成章。看看在 [12.10] 中密斯为让门板与饰板看起来一样，竟然让门板比门洞突出 20 mm 的做法，这些也就都不难理解了。

⓲ 由于预制混凝土板的相关族在 Revit 的分类中在"结构\框架"之下，所以载入后调用它是用【梁】工具，而在【楼板】中反而找不到，因为楼板并不在"框架"分类中。

13.1 创建楼板预制板

13.1.1 范斯沃斯住宅楼板的结构板是在 H 型钢梁之间搭设预制混凝土板，虽然这些预制板从外观上是看不见的，但是本着尽可能表达主体结构的结构逻辑的宗旨（因为实际上 H 型钢梁也是看不到的），我们还是会将预制板比较详细地创建出来。**⓰**

13.1.2 [步骤] 点击【插入】功能选项卡 |【从库中载入】面板 |【载入族】工具，弹出【载入族】对话框；通过路径："Libraries\China\ 结构 \ 框架 \ 预制混凝土"进入"预制混凝土"文件夹，选择"预制 - 实心平楼板"；按【打开】载入族。

图 13.1　载入"预制 - 实心平楼板"族

13.1.3 首先创建与地面砖、屋顶预制板等宽的预制板。

13.1.4 [步骤] 进入"室内楼层"平面视图；点击【结构】功能选项卡 |【结构】面板 |【梁】工具；在【属性】选项板的族类型菜单中选择"预制 - 实心楼板"中的"1200×100mm"；点击【编辑属性】按钮，弹出【类型属性】对话框；按【复制】创建一个新类型并命名如"610×75mm"，按【确定】完成命名；在【类型参数】的【尺寸标注】部分中修改预制板截面参数：在【深度】栏中键入"75"（即板厚度），在【宽度】栏中键入"610"；按【确定】完成设置。**⓲**

13.1.5 [步骤] 进入【属性】选项板中的【几何图形位置】部分，在【起点连接缩进】和【端点连接缩进】两栏中分别键入"0"；在选项栏的【放置平面】下拉菜单中选择"标高：室内楼层"；在【结构】部分取消对【启用分析模型】的勾选；在绘制区域通过左键点击起点和终点，捕捉两根相邻 H 型钢梁的腹板在两个根钢梁之间创建一块预制板单元（由于截面是在 [13.1.4] 步中设好的，所以在创建时只需要指定其长度）。⑩③

13.1.6 [步骤] 选中预制板单元；分别右键点击构件两端的控制柄（带箭头的蓝色圆点），在右键菜单中选择"不允许连接"。

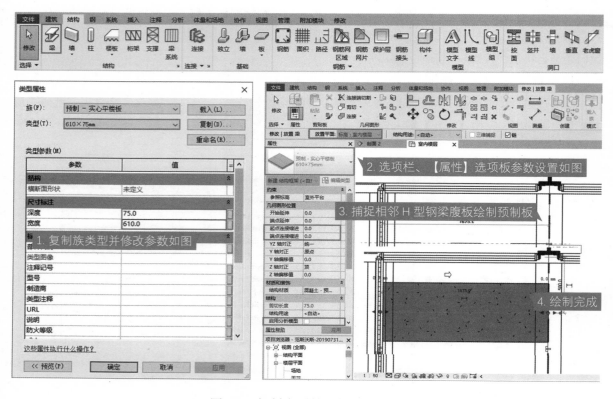

图 13.2 复制类型并绘制预制楼板

13.1.7 [步骤] 阵列：用【移动】工具令预制板单元侧边与建筑槽钢圈梁翼缘板端头对齐；点击【修改 | 结构框架】上下文功能选项卡 |【修改】面板 |【阵列】工具；左键分别捕捉点击预制板单元端头两点（即截面宽度）确定阵列间距，并在绘制区域出现的【输入阵列总数】栏键入 "14"；预制板单元在两根 H 型钢梁间满铺。⑩④

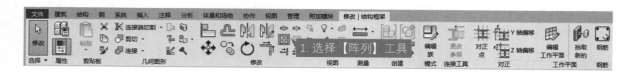

⑩③ **关于【启用分析模型】**

　　【启用分析模型】是关于结构计算的选项，模型中与结构计算相关的对象都有此选项，在建筑专业的工作中，这一项都可以取消勾选。

⑩④ 此时再选中其中一块预制板单元，【属性】栏中显示其为"模型组 - 阵列组 1"，即经阵列复制的对象会被自动成组。

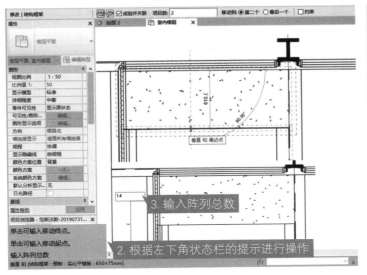

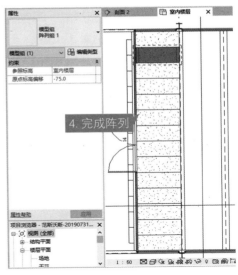

图 13.3　阵列预制楼板

13.1.8 [步骤] 选中一块预制板单元，双击构件进入编辑模式；在编辑模式中再次选中这块构件，在【属性】选项板的【几何图形位置】部分设置预制板两端与定位点的退缩间距：在【开始延伸】和【端点延伸】分别输入"-30"（如输入正值则构件实际边界会凸出定位点相应的数值）；在【编辑组】面板下勾选【完成】结束编辑；可见所有阵列中的单元都同步修改了。

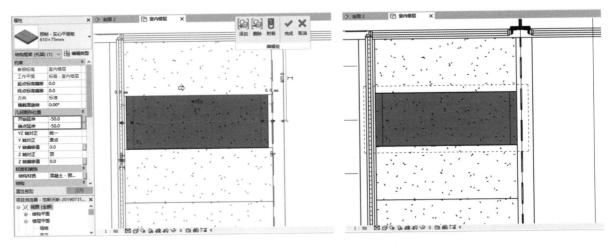

图 13.4　修改预制板【开始延伸】和【端点延伸】参数

13.1.9 [步骤] 进入"室内楼层"平面视图，将 [10.7.2] 创建的【剖面 3】移动到可剖切预制板的位置。

13.1.10 [步骤] 进入"剖面 3"视图；选中剖面视图中可见预制板单元并双击构件进入编辑模式；在编辑模式中再次选中构件，在【属性】选项板中的【几何图形位置】部分设置构件标高：在【Z 轴偏移值】栏中键入"-300"；在【编辑组】面板下勾选【完成】结束编辑。

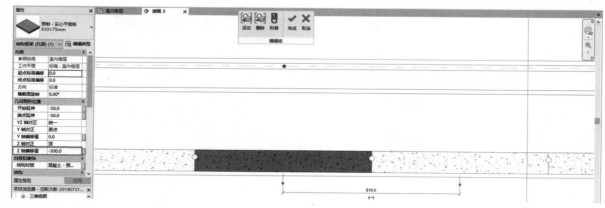

图 13.5　修改预制板 Z 轴偏移值

13.1.11 [步骤] 接下来，创建端头特殊规格的预制板。

13.1.12 [步骤] 进入"室内楼层"平面视图；删除南北两端靠近槽钢圈梁的预制板单元。

13.1.13 [步骤] 参考 [13.1.4] 步的操作，基于"610×75"的预制混凝土板族类型创建一个端头规格的新的预制板族类型，命名如"660×75"，将【宽度】栏中的数据改为"660"；参考 [13.1.5] 步的操作放置一个预制板单元。

图 13.6　复制预制板族类型

⑩这一步用阵列而没有用镜像，是因为模型组在镜像操作中容易出现 bug，这是系统问题，如尝试镜像出现问题，那么可以果断选择其他方式来完成。

13.1.14 [步骤] 选中预制板单元；分别右键点击构件两端的控制柄（带箭头的蓝色圆点），在右键菜单中选择"不允许连接"。

13.1.15 [步骤] 用【移动】工具令端头预制板单元侧边与标准预制板单元侧边对齐；点击【修改 | 结构框架】上下文功能选项卡 |【修改】面板 |【阵列】工具；左键点击任意点作为起点，输入"7980"作为阵列间距 (这个间距可以从剖面视图中测得)，并在绘制区域出现的【输入阵列总数】栏键入"2"；端头预制板单元被阵列复制到另一端，两个特殊单元自动成组。⑩

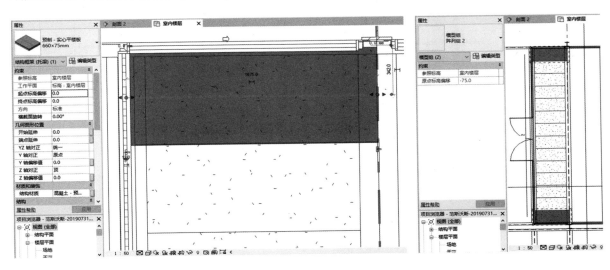

图 13.7　绘制端头预制板并阵列到另一端

13.1.16 [步骤] 参考 [13.1.8][13.1.10] 两步中的操作和相关参数，修改端头特殊预制板单元的退缩、竖向定位等参数。

13.1.17 这样，一排 H 型钢梁之间的预制板单元就创建完成了。

13.1.18 [步骤] 全部选中整排预制板（可按住 Ctrl 键逐一点选），点击【移动】工具，以预制板右侧③轴为移动起点，②轴为移动终点，将预制板移动到建筑西端；用【阵列】工具，以 1675 mm 的间距将其阵列复制到其他各 H 型钢梁间的跨度单元中去；整排预制板将自动成组，当点选时会被整排选中。

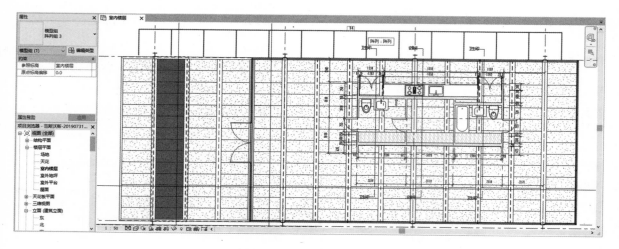

图 13.8　阵列整排预制板

13.1.19 进入 [9.3.7] 步创建的"剖面 2"视图检视预制板单元与各梁段的搭接关系是否准确。

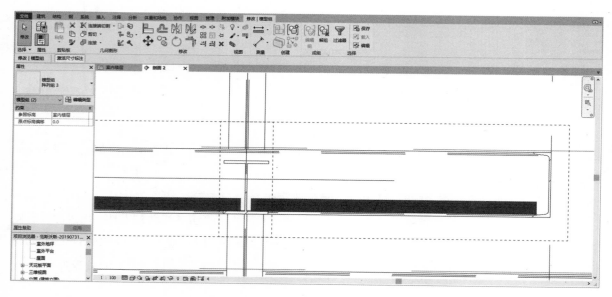

图 13.9　在"剖面 2"中检视预制板单元与各梁段的搭接关系

13.1.20 在准备用相同规格的预制板铺设室外平台的时候，会发现如以 610 mm 宽和 660 mm 宽的预制板如建筑室内楼层地板一样的构造关系实现满铺，那么槽钢圈梁翼缘板端头间的内径尺寸应该是 610 mm×11=6710 mm，而原定尺寸中这个数据是 6700 mm，由于两端构造与建筑主体相同，所以我们需要把"轴线 -A"向南移动 10 mm。⓱

13.1.21 [步骤] 综合运用【移动】【对齐】等工具，将"轴线 -A"以及与其位置相关的槽钢圈梁梁段、H 型钢柱、H 型钢梁端头等构件和图元都相应移动或对齐；由于在槽钢梁段之间以及槽钢梁与 H 型

⓱ [赏析] 尽管原本建筑主体的尺寸数据也是经过从英制到公制的换算并取整的结果，并不精确；但是在不断深化模型的过程中，我们找到了密斯用以控制模数系统的逻辑：无论具体数值是多少，一旦建筑主体的宽度和地砖的宽度被确定下来，那么室外平台的总宽度就也被相应确定下来了。目前我们仍然无法确定，密斯究竟是先确定了建筑尺度后通过等分来确定地砖宽度的，还是先在地砖模数的基础上生成了大数据，但在纷繁复杂的各种对应模数关系中稍稍梳理清了一些思路和次序，总归是令人兴奋的事情。

钢梁之间建立了子连接，所以只要移动南侧的槽钢梁段，则与它交接的其他钢结构构件都会自动与其准确连接。

13.1.22 [步骤] 参考从 [13.1.5] 步到 [13.1.19] 步的一系列操作，创建室外平台上的预制板；注意在选项栏中的【放置平面】下拉菜单中选择"标高：室外平台"。

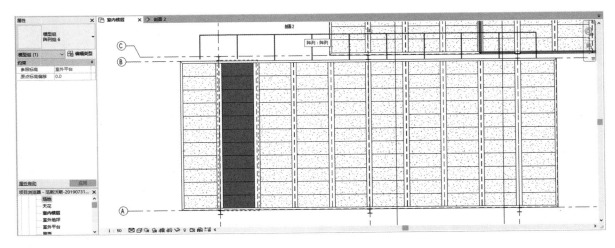

图 13.10　完成室外平台预制板的布置

13.2 创建楼板垫层

13.2.1 由于预制板楼板是搭在 H 型钢梁下部翼缘板之间的，所以从结构板顶标高到面砖层之间有一个很明显的高差，这之间由现浇的轻质混凝土作为垫层来填充。

13.2.2 [步骤] 设置填充层族类型：进入"室内楼层"平面视图；在【建筑】功能选项卡 |【构建】面板 |【楼板】下拉菜单中选择【楼板：建筑】；在【属性】选项板的族类型菜单中选择一个常规楼板如"常规 -300mm"；点击【编辑类型】按钮，弹出【类型属性】对话框；点击【复制】创建一个新类型，命名如"填充层 - 轻质混凝土 -220mm"，按【确定】完成命名；点击【构造】部分中的【结构】栏中的【编辑】按钮，弹出【编辑部件】对话框；在【功能】栏中【结构 [1]】对应的【厚度】栏中键入"220"。

13.2.3 [步骤] 设置材质及显示：在【材质】栏对应的信息栏显示"< 按类别 >"，单击激活该栏，信息栏右侧出现正方形小按钮，点击该按钮，弹出【材质浏览器】对话框；参考 [10.3.12.4] 到 [10.3.12.9] 步及图 13.11 中的参数设置，新建材质"轻质混凝土"；按【确定】完成设置，回到【编辑部件】对话框。

13.2.4 [步骤] 按【确定】完成部件编辑并退出【编辑部件】对话框；按【确定】完成族类型设置并退出【类型属性】对话框。

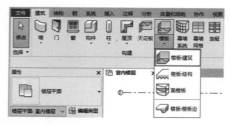

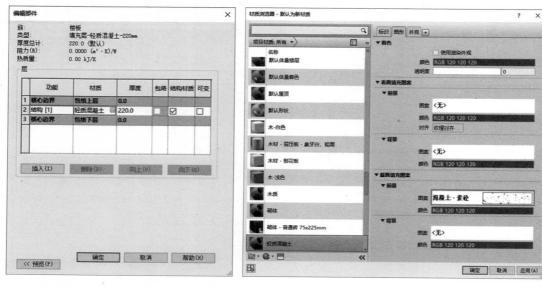

图 13.11 设置"填充层 - 轻质混凝土 -220mm"厚度及材质参数

13.2.5 [步骤] 此时绘制区域仍处于编辑模式；在【属性】选项板的【约束】部分中，在【标高】下拉菜单中选择"室内楼层"，在【自标高的高度偏移】栏中键入"-80"；点击【修改 | 创建楼层边界】上下文功能选项卡 | 【绘制】面板 | 【矩形】工具；在选项栏的【偏移】栏中键入"-19"；沿建筑主体外边界框一个矩形；在【模式】面板中勾选【完成编辑模式】。⑩⑥

⑩⑥ 关于【自标高的高度偏移】

【自标高的高度偏移】栏中键入的参数，是绘制边界的外扩（正值）或内缩（负值）值。在本例中，由于捕捉建筑外边界为定位点，须减去 19 mm 的槽钢圈梁腹板厚度才是填充层的边界。

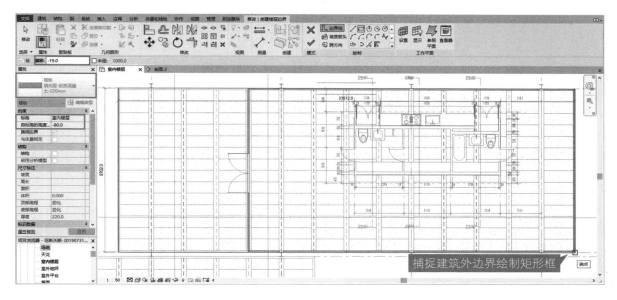

图 13.12 设置参数并绘制填充层

13.2.6 [步骤] 参考 [13.2.5] 步的操作，为室外平台创建填充层。

13.3 创建面层地砖

13.3.1 地砖的构造是 50 mm 厚的结合层上贴 30 mm 厚的面层地砖。

13.3.2 [步骤] 进入"室内楼层"平面视图；在【建筑】功能选项卡|【构建】面板|【楼板】下拉菜单中选择【楼板：建筑】；在【属性】选项板的族类型菜单中选择一个常规楼板如"填充层 - 轻质混凝土 -220mm"；点击【编辑类型】按钮，弹出【类型属性】对话框；点击【复制】创建一个新类型，命名如"面层 - 石灰华地砖 -80mm"，按【确定】完成命名。

13.3.3 [步骤] 设置族类型：

13.3.3.1 [步骤] 设置面层构造层：点击【构造】部分中的【结构】栏中的【编辑】按钮，弹出【编辑部件】对话框；在【功能】栏下拉菜单中选择"面层 1[4]"（默认显示"结构 [1]"），对应的【厚度】栏中键入"30"。

13.3.3.2 [步骤] 设置面层材质：单击激活【材质】栏，点击信息栏右侧出现的正方形小按钮，弹出【材质浏览器】对话框；点击【项目材质】栏下方的【创建并复制材质】工具按钮，在下拉菜单中选择【新建材质】，在【项目材质】栏中生成并选中了"默认为新材质"；右键重命名为"石灰华 - 地砖"；在【图形】选项卡|【表面填充图案】|【前景】|【图案】栏中，点击空白栏（显示"＜无＞"），弹出【填充样式】对话框，在【填充图案类型】中勾选【模型】；点击【新建填充样式】工具，

弹出【添加表面填充图案】对话框；在【名称】栏中键入名称如"石材分缝 -610*838"，在【设置】部分勾选【交叉填充】，在【线角度】栏键入"0.00°"令其正交分格，在【线间距 1】栏键入"610 mm"，【线间距 2】栏键入"837.5 mm"，按【确定】完成设置；在【图形】选项卡 |【截面填充图案】 |【前景】 |【图案】栏中，点击空白栏（显示"＜无＞"），弹出【填充样式】对话框，选择"石材 - 剖面纹理"，按【确定】完成设置；在【外观】选项卡中点击【替换此资源】按钮，弹出【资源浏览器】，在搜索栏中键入如"石"限定浏览的外观材质资源范围，选择比较接近本例实况的"石灰华 - 奶油色"，点击本栏右端的替换按钮；按【确定】完成材料设置，回到【编辑部件】对话框。

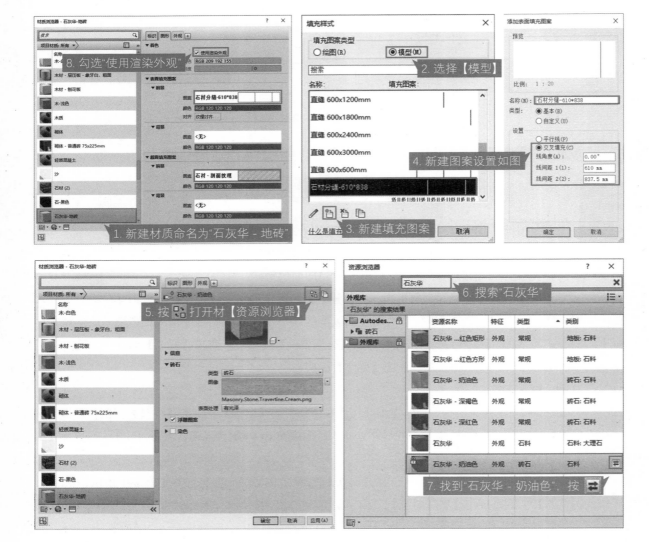

图 13.13　为"面层 1[4]"新建材质"石灰华 - 地砖"

⑩复杂的构造层次不需要分别创建，是以参数形式写在墙体参数中的。在设计过程中，要注意具体构造与墙体控制厚度之间的相互影响。

13.3.3.3 [步骤] 添加结合层构造层：选中第 3 项"核心边界"，点击【插入】按钮，则在此项前插入了新的构造层次（默认功能为"结构 [1]"），在【功能】下拉菜单中选择"衬底 [2]"；在【厚度】栏中键入"50"。

13.3.3.4 [步骤] 设置结合层材质：单击激活【材质】栏，点击信息栏右侧出现的正方形小按钮，弹出【材质浏览器】对话框，在【项目材质】菜单中选择"水泥砂浆"，按【确定】完成设置。

13.3.3.5 [步骤] 按【确定】完成部件编辑并退出【编辑部件】对话框。⑩

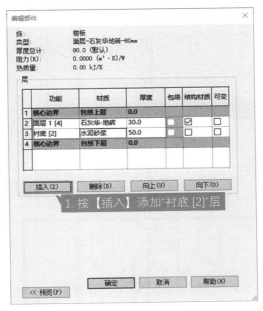
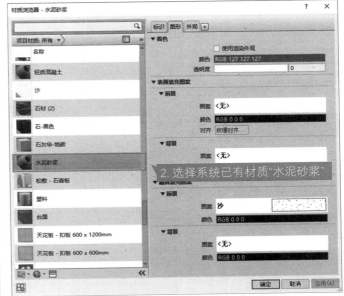

图 13.14　设置"衬底 [2]"材质"水泥砂浆"

13.3.4 [步骤] 按【确定】完成类型属性设置并退出【类型属性】对话框。

13.3.5 [步骤] 此时绘制区域仍处于编辑模式；在【属性】选项板的【约束】部分中，在【标高】下拉菜单中选择"室内楼层"，在【自标高的高度偏移】栏中键入"0.0"；点击【修改 | 创建楼层边界】上下文功能选项卡 |【绘制】面板 |【矩形】工具；沿槽钢圈梁翼缘板边缘所形成的内边界框一个矩形；在【模式】面板中勾选【完成编辑模式】。

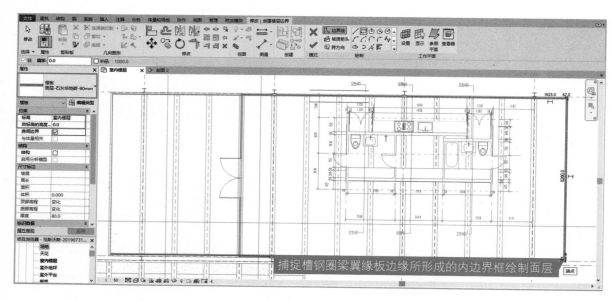

图 13.15　绘制面层

13.3.6 [步骤] 参考 [13.3.5] 步的操作，为室外平台创建面层。（注意标高的设置）

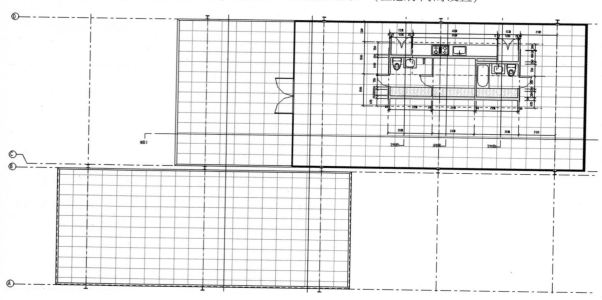

图 13.16　完成室外平台面层绘制

13.3.7 进入相关剖面视图以及三维视图检视关系是否准确。

120

132

第十四章
创建屋顶

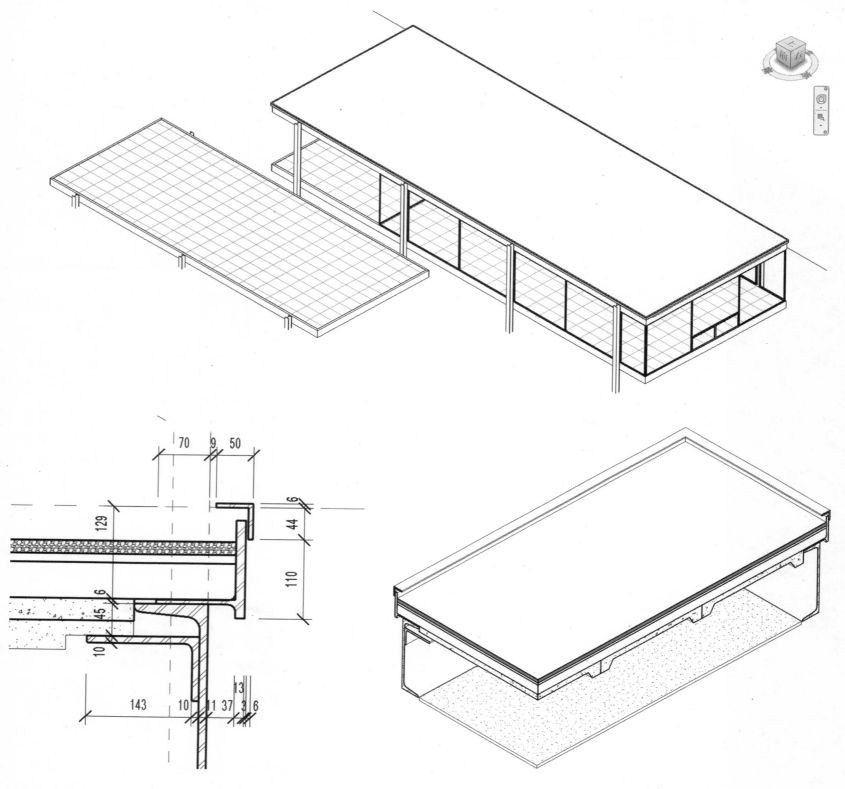

⑩⑧ **结构平面与楼层平面的区别**

Revit 的平面视图也属于系统族。基于"楼层平面"与"结构平面"系统族创建的平面视图，可理解为分别对应建筑与结构专业的平面。视图的区别主要在于视图范围和可见性的默认设置，"结构平面"会默认视图深度基于本层之下 1 m 多，方便结构梁板显示。

14.1　创建结构平面视图

14.1.1[步骤] 在【视图】功能选项卡｜【创建】面板｜【平面视图】下拉菜单中选择"结构平面"，弹出【新建结构平面】对话框；选中菜单中的各类标高，并勾选菜单栏下的【不复制现有视图】（这样每个标高都会创建一个平面视图）；按【确定】创建选中的各标高的相应结构平面视图。⑩⑧

14.1.2 在【项目管理器】的【视图】｜【结构平面】展开菜单中出现了各标高对应的结构平面视图。

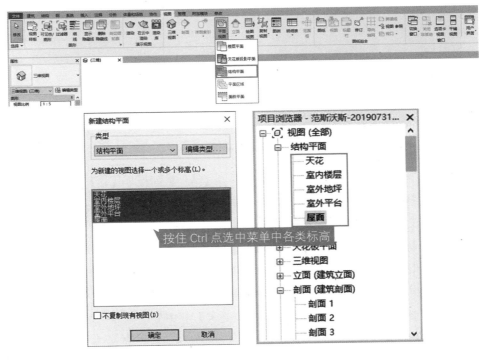

图 14.1　创建结构平面视图

14.2　创建屋面预制板

14.2.1 屋面的结构板也是预制混凝土板，但是截面形态较楼板预制板复杂，系统自带的族库里面找不到形式相近的，所以我们根据范斯沃斯住宅的设计自定义了一个族，在随教材附带的"自定义族"文件夹里，供读者在练习中调用。自定义族是比较高阶的操作，我们将在进阶的分册中讲解。

14.2.2 [步骤] 点击【插入】功能选项卡丨【从库中载入】面板丨【载入族】工具，弹出【载入族】对话框，通过路径找到存储 "自定义族" 的位置，打开文件夹载入 "预制 - 槽形 - 带切口 .rfa"。

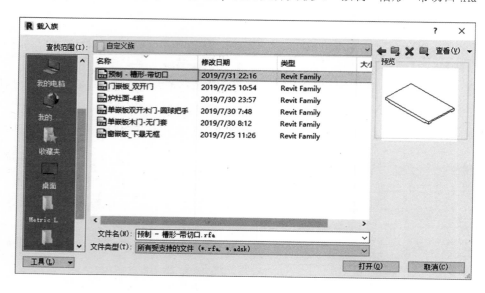

图 14.2　载入 "预制 - 槽形 - 带切口" 族

14.2.3 [步骤] 选择族类型：点击【结构】功能选项卡丨【结构】面板丨【梁】工具；在【属性】选项板的族类型菜单中选择刚刚载入的 "预制 - 槽形 - 带切口" 族下的 "610×72mm" 类型（由于创建族时就是按设计尺寸定义的，所以可以直接使用默认值）。

14.2.4 [步骤] 放置预制板：进入 [14.1] 步创建的 "屋面" 结构平面视图，可以比较清晰地看到屋顶 H 型钢梁的布置；在两根 H 型钢梁之间，捕捉梁中轴线放置一块预制板。

14.2.5 [步骤] 选中预制板，右键点击两端的造型操纵柄并选择 "不允许连接"；在【属性】选项板的【几何图形位置】下设置参数，在【开始延伸】和【端点延伸】栏中分别键入 "-5"（各预制板端头间距 10 mm，故在单块预制板中设置 5 mm 的退缩），在【Z 轴偏移值】栏键入 "-128"（令预制板切口与 H 型钢梁准确搭接）。

14.2.6 [步骤] 选中预制板，用【移动】工具令其侧边与一侧槽钢圈梁翼缘板边沿对齐；参考 [13.1.7] 步操作，用【修改丨结构框架】上下文功能选项卡丨【修改】面板丨【阵列】工具阵列复制，令预制板在两根 H 型钢梁间排满（阵列间距为预制板截面宽度即 610 mm，数量为 14）；选中两根 H 型钢梁间的所有预制板单元，参考 [13.1.18] 步操作，用【阵列】工具令其阵列复制到所有除两端头外其他各 H 型钢梁之间（阵列间距 1675 mm 及数量可直接从模型上测得）。

⑩ 这里使用了【阵列】没有使用【镜像】，是因为模型组镜像容易出错，尽量不使用。后续若需要修改端头预制板的【开始延伸】和【端点延伸】参数，则需要重新调整阵列的间距。

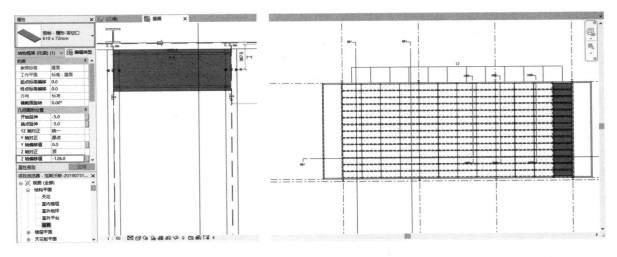

图 14.3　绘制并阵列预制板

14.2.7 端头预制板并不与槽钢圈梁搭接，而是基本取齐，搭接在焊接与槽钢腹板上的角钢上（将在 [14.4] 步创建），根据其他预制板单元之间 10 mm 的间隙，我们推测端头预制板单元与槽钢翼缘板边沿也应该有 10 mm 左右的间隙。因此，端头预制板单元的长度与其他跨中的不同，需要单独创建。

14.2.8 [步骤] 参考 [14.2.4] 步操作，捕捉端头槽钢圈梁轴线与相邻 H 型钢梁轴线创建一块预制板。

14.2.9 [步骤] 参考 [14.2.5] 步设置参数：选中预制板，右键点击两端的造型操纵柄并选择"不允许连接"；在【开始延伸】栏键入"-50"（令其与槽钢翼缘板边沿留出 10 mm 缝隙），在【端点延伸】栏键入"-5"（与其他预制板单元关系不变），在【Z 轴偏移值】栏键入"-128"。

14.2.10 [步骤] 参考 [14.2.6] 步操作，用【阵列】工具令预制板单元排满整个端头跨度；并将它们阵列至另一端头（阵列间距 21680 mm 可直接从模型中测得）。⑩

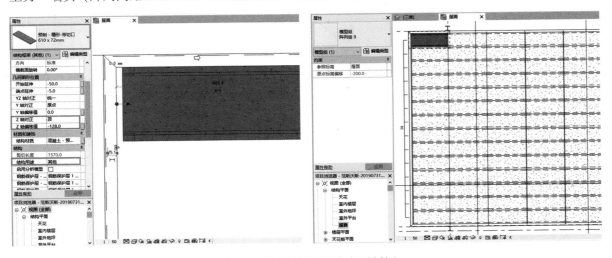

图 14.4　绘制并阵列端头预制板

14.2.11 屋顶预制板创建完成，进入"{ 三维 }"视图检视关系是否准确。

14.3 创建保温及屋面构造层

14.3.1 在预制板结构板层以上，从下往上的构造层次分别为：①保温层，②毛毡垫层，③防水层，④沥青和碎石面层。其中防水层没有厚度，应该是与毛毡一体的（类似油毡的做法），可以不创建，模型中需要创建的是三个构造层次。

14.3.2 [步骤] 在【建筑】功能选项卡 |【构建】面板 |【屋顶】下拉菜单中选择【迹线屋顶】；【属性】选项板中默认族类型为"基本屋顶 \ 常规 -400mm"；在【属性】选项板中点击【编辑类型】按钮，弹出【类型属性】对话框；点击【复制】按钮创建一个新类型，命名如"屋面 -80mm"，按【确定】完成命名；点击【结构】栏中的【编辑】按钮，弹出【编辑部件】对话框，设置构造层次。

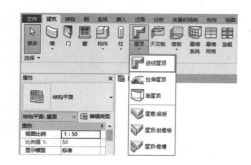

图 14.5 【迹线屋顶】工具

14.3.2.1 [步骤] 在【功能】列下中间的构造层次（默认显示"结构 [1]"）的下拉菜单中选择"保温层 / 空气层 [3]"；在【厚度】列的对应信息栏中键入"50"；激活【材质】列的对应信息栏，右侧出现方形小按钮，点击按钮进入【材质浏览器】，在项目材质菜单中选择"隔热层 / 保温层 -空心填充"，右键点击并选择【复制】，复制此材质，命名如"隔热层 / 保温层 - 玻璃棉"；在右侧的【图形】选项卡 |【截面填充图案】面板 |【前景】 |【图案】栏中点击信息栏，弹出【填充样式】对话框，在菜单中选择"对角线交叉填充 1.5mm"，按【确定】完成选择，点击【颜色】栏选择灰色作为填充线型颜色，按【确定】完成选择；按【确定】完成材质设置，回到【编辑部件】对话框。⑩

⑩屋面的多个构造层次，从构造层的厚度到材料再到出图显示，大量的创建工作都是以在表格中设置参数的方式完成的，而真正在模型空间中的绘制工作在 [14.3.3] 步中以一个动作就完成了。这再一次体现了 Revit 的信息化、参数化特征，模型创建的过程，更接近"写"而不是"画"。

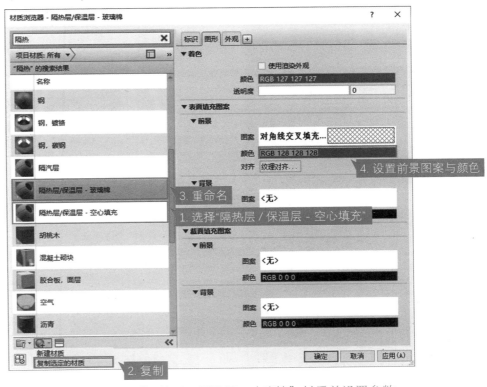

图 14.6 复制得到"隔热层 / 保温层 - 玻璃棉"材质并设置参数

14.3.2.2 [步骤] 点击【插入】按钮,在保温层之上创建了一个新的构造层;在【功能】列的对应
下拉菜单中选择"衬底 [2]";在【厚度】列的对应信息栏中键入"12";激活【材质】列的对应
信息栏,右侧出现方形小按钮,点击按钮进入【材质浏览器】,在项目材质菜单中选择刚刚设置
的"隔热层 / 保温层 - 玻璃棉",右键点击并选择【复制】,复制此材质,命名如"垫层 - 毛毡";
在右侧的【图形】选项卡 | 【截面填充图案】面板 | 【前景】 | 【图案】栏中点击信息栏,弹出
【填充样式】对话框(找不到毛毡的填充图案,在可选的样式里,"玻璃 - 玻璃剖面"的样式与
实测图中的最接近,所以要复制这个样式,并基于它创建"毛毡"样式),在菜单中选择"玻璃 -
玻璃剖面",点击菜单下方的【复制填充样式】来复制此样式,命名如"毛毡",按【确定】完
成复制,按【确定】完成选择,点击【颜色】栏选择灰色作为填充线型颜色,按【确定】完成选择;
按【确定】完成材质设置,回到【编辑部件】对话框。

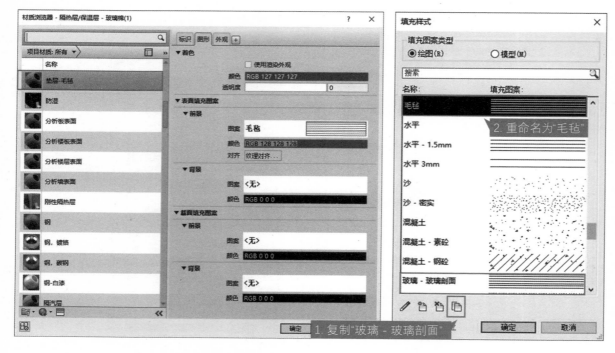

图 14.7 复制得到"垫层 - 毛毡"材质并设置参数

14.3.2.3 [步骤] 点击【插入】按钮，在毛毡垫层之上创建了一个新的构造层（注意，用【插入】按钮插入的构造层总会出现在当前选中构造层的上一层）；在【功能】列的对应下拉菜单中选择"面层 1[4]"；在【厚度】列的对应信息栏中键入"18"；激活【材质】列的对应信息栏，右侧出现方形小按钮，点击按钮进入【材质浏览器】，在项目材质菜单中选择"场地 - 碎石"，右键点击并选择【复制】，复制此材质，命名如"屋面 - 砾石"；在右侧的【图形】选项卡 | 【截面填充图案】面板 | 【前景】| 【图案】栏中点击信息栏，弹出【填充样式】对话框，在菜单中选择"场地 - 铺地砾石"，按【确定】完成选择；点击【颜色】栏选择灰色作为填充线型颜色，按【确定】完成选择；在【图形】选项卡 | 【截面填充图案】面板 | 【着色】中勾选【使用渲染外观】；按【确定】完成材质设置，回到【编辑部件】对话框。⑪

14.3.2.4 [步骤] 按【确定】完成构造层次设置并退出【编辑部件】对话框；按【确定】完成类型属性设置，退出【类型属性】对话框。

⑪屋顶面层的着色默认是深红色，在【视图样式】的"着色"模式下会显示这样的颜色，这与材质无关，只是对不同材料的颜色区分，如果对这个显示不满意，可以在面层材质设置的【材质浏览器】的【图形】选项卡 | 【截面填充图案】面板 | 【着色】| 【颜色】栏中点击信息栏，在弹出的色板中选择满意的颜色如浅灰色，或勾选【使用渲染外观】，使用【外观】选项卡中设置的渲染材质颜色。

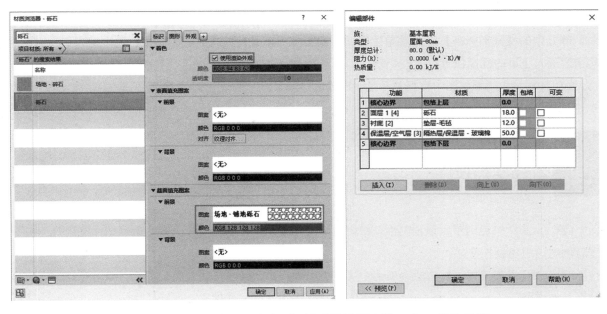

图 14.8　左：复制得到"砾石"材质并设置参数；右：部件设置

14.3.3 [步骤] 此时绘制区域仍处于编辑模式；在选项栏的【定义坡度】栏取消勾选；点击【修改 | 创建屋顶迹线】上下文功能选项卡 | 【绘制】面板 | 【矩形】工具，捕捉槽钢圈梁翼缘板内沿边界框一个矩形屋顶迹线；在【模式】面板下勾选【完成编辑模式】，完成创建。

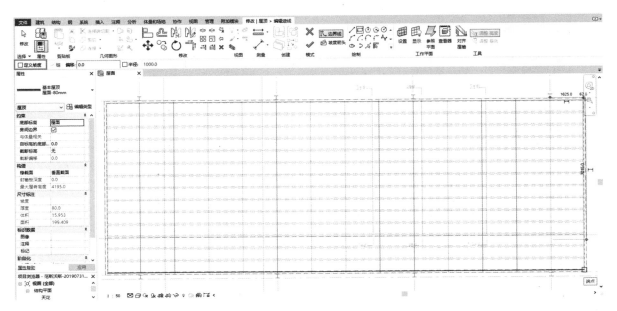

图 14.9　捕捉槽钢圈梁翼缘板内沿边界绘制矩形屋顶迹线

14.3.4[步骤] 进入能剖到屋面关系的剖面视图如"剖面 2"所示；选中屋面构造层，在【属性】选项板【约束】部分中的【底部标高】下拉菜单中选择"屋面"，在【自标高的底部偏移】栏中键入"-128"；构造层进入正确的标高位置。

14.3.5 在各剖面和三维视图中检视关系是否准确。

14.4 创建角钢托件

14.4.1 在 [14.2.7] 中提到了屋顶预制板在槽钢边缘处是与焊接在槽钢腹板内侧的角钢托件搭接的，接下来就创建这组角钢托件。

14.4.2 [步骤] 点击【插入】功能选项卡｜【从库中载入】面板｜【载入族】工具，弹出【载入族】对话框，通过路径"Libraries\China\ 结构 \ 框架 \ 钢"进入"钢"文件夹，选择"热轧不等边角钢 .rfa"，按【打开】，弹出【指定类型】菜单。

14.4.3 [步骤] 在【指定类型】菜单中，可先选择"L100×63×7"规格的角钢族类型载入；按【确定】完成载入。

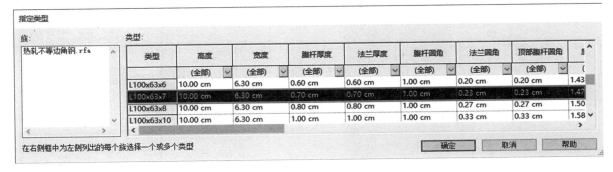

图 14.10 载入"热轧不等边角钢"族

14.4.4 [步骤] 点击【结构】功能选项卡丨【结构】面板丨【梁】工具，在【属性】选项板的族类型菜单中选择"热轧不等边角钢"的一个族类型；在【属性】选项板中点击【编辑类型】按钮，弹出【类型属性】对话框；点击【复制】按钮创建一个新类型，命名如"L153×90×10"，按【确定】完成命名；在【类型参数】丨【结构剖面几何图形】中设置参数：在【宽度】栏中键入"15.3"，在【高度】栏中键入"9"，在【法兰厚度】和【腹杆厚度】栏中都键入"1"；按【确定】完成族类型设置。

14.4.5 [步骤] 进入"屋面"结构平面视图；在【属性】选项板丨【约束】部分丨【参照标高】下拉菜单中选择"屋面"；捕捉西侧槽钢翼缘板内沿边界在平行于矩形屋面短边方向（从上向下绘制，关系到角钢长短边方向）创建一根角钢。

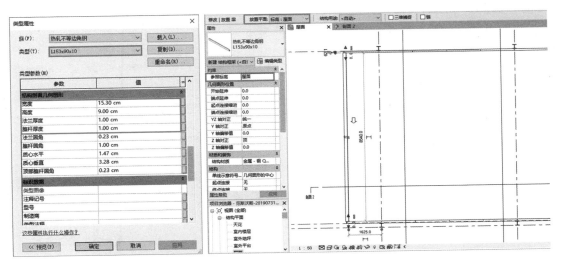

图 14.11 复制、修改族类型并绘制不等边角钢

14.4.6 [步骤] 选择"剖面 2"，点击翻转箭头 ⇕ ，令剖面向北看。

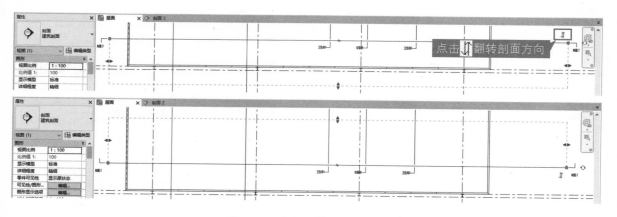

图 14.12　翻转"剖面 2"方向

14.4.7 [步骤] 进入"剖面 2"；通过在【属性】选项板 | 【约束】部分 | 【横截面旋转】栏中键入旋转角度（本例中为"180°"），令角钢截面处于正确的关系；用【对齐】工具令角钢竖板外边与槽钢圈梁腹板内边对齐；用【对齐尺寸标注】工具或【测量两个参照之间的距离】工具在剖面中测量角钢水平板上沿与预制板搭接面的距离为 270 mm；在【属性】选项板 | 【几何图形位置】部分 | 【Z 轴偏移值】栏中键入"270"（构件经过 180°旋转，其相对于 Z 轴的正负值关系也发生了翻转，所以在这里向下偏移输入正值）。⑪

14.4.8 [步骤] 用【镜像】工具将角钢托件复制到另一端相应位置。

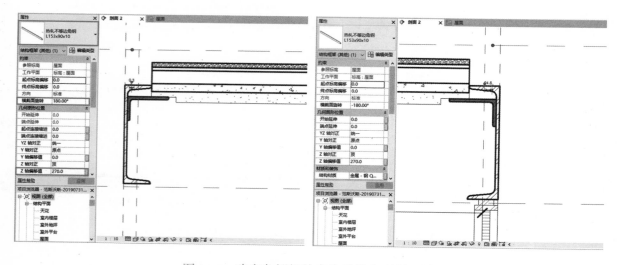

图 14.13　确定角钢托件定位并镜像到另一端

⑪⑫ **梁族构件竖向移动**

　　直接插入的梁族构件，是不能直接在剖面上通过移动【移动】工具调整竖向标高的，只能在【Z 轴偏移值】中键入数据来调整竖向定位。如果截面被旋转，其各方向（X、Y、Z 轴）的定义也会随之旋转，那么在调整竖向尺寸的时候，方向和轴可能都会发生变化，设置时须格外注意。

　　有一个化简的方法是：尽管使用【移动】工具无法竖向移动，但在选项栏中取消勾选【约束】的情况下，是可以向竖向方向复制的，这样在复制的过程中实现竖向移动，然后删除原来的梁，可以达到与【移动】工具相同的效果。

14.5 创建檐口钢件

14.5.1 范斯沃斯住宅的檐口位置，是一个外形类似角钢的非标构件，它一端出头作为滴水。这样的构件在系统族库里是没有的，需要自定义族。理同 [10.2] 中的原理阐释，本例中会用内建模型来创建它。

14.5.2 [步骤] 在【建筑】功能选项卡 |【构建】面板 |【构件】下拉菜单中选择【内建模型】，弹出【族类别和族参数】对话框；在【族类别】菜单中选择"结构框架"，按【确定】完成选择，弹出【名称】对话框，按【确定】默认命名（"结构框架 1"）即可；绘制区域进入编辑模式。

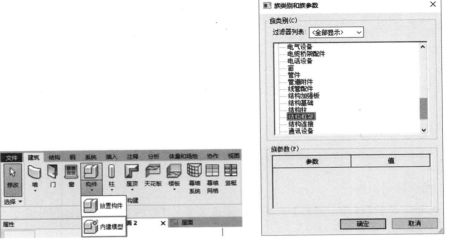

图 14.14 创建内建模型

14.5.3 [步骤] 选择创建方式：进入"屋面"结构平面视图；点击【创建】功能选项卡 |【形状】面板 |【放样】工具。

14.5.4 [步骤] 确定工作平面：点击【修改 | 放样】上下文功能选项卡 |【工作平面】面板 |【设置】工具，弹出【工作平面】对话框，在【指定新的工作平面】中勾选【拾取一个平面】，按【确定】完成工作平面选择；在绘制区域选中槽钢圈梁的翼缘板上表面。

14.5.5 [步骤] 绘制放样路径：点击【修改 | 放样】上下文功能选项卡 |【工作平面】面板 |【绘制路径】工具；点击点击【修改 | 放样 > 绘制路径】上下文功能选项卡 |【绘制】面板 |【矩形】工具，沿屋面外边界绘制一个矩形框；在【模式】面板中个勾选【完成编辑模式】。

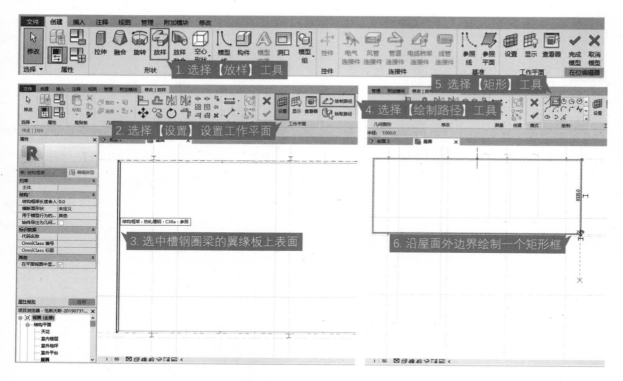

图 14.15 创建放样、拾取参照平面并绘制放样路径

⑬ **拉伸与放样**

　　此前创建的内建模型都是用【拉伸】工具来创建形体，这一次是用【放样】。两者略有区别：【拉伸】是默认以直线作为轮廓的放样路径，来获得形体；而【放样】是可以将更复杂的曲线来作为轮廓的放样路径。两者的构形原理是一样的，【拉伸】是直线路径的简单【放样】。

　　本例中，由于檐口钢件的路径是沿建筑屋顶檐口位置的闭合矩形，所以选用【放样】工具。

14.5.6 [步骤] 绘制截面轮廓：

14.5.6.1 [步骤] 点击【修改 | 放样】上下文功能选项卡 |【放样】面板 |【编辑轮廓】工具，弹出【转到视图】对话框，在菜单中选择绘制截面轮廓的视图，选择任意一个剖到檐口位置的剖面视图如"剖面 1"，按【打开视图】进入该视图。⑬

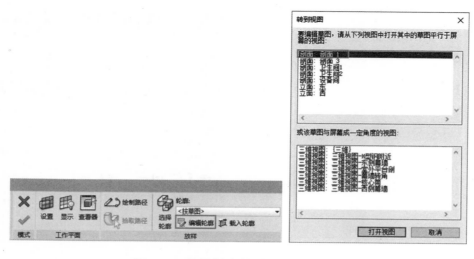

图 14.16 编辑轮廓并转到"剖面 1"

⓲ [赏析] 檐口钢件看起来是一个截面轮廓形式古怪的非标构件。但是存在有几个疑点：第一，它的不同方向的钢板厚度是不同的，因为这个檐口构件并不承重，没有严格的强度限制，所以钢板厚度上的差异很难解释；第二，如果是非标件，那么它应该是不同的钢板通过焊接而成的，但板材交接的方式看起来更像型材。

实测图中对作为封檐兼滴水的那一侧钢板的标注是："侧边切割的5英寸厚翼缘板"（facia cut from 5 " wide flange），这解释了上述疑点——既然称较厚的那块钢板为"翼缘板"，意味着这个钢件原本就是型材，它是由H型钢切割而成，与槽钢圈梁翼缘板交接的较薄钢板应该恰是H型钢的腹板。

从这个细部里，能看到密斯解读形式的细腻与巧妙，同时，也能看到密斯在处理材料的凶悍手段——像处理木材一样切割型钢构件。

14.5.6.2 可以看到一组正交垂直的参照平面和作为基准的端点（如当前绘制区域不显示，可在绘制区域右侧的视图管理工具中点击【缩放全部以匹配】）。

14.5.6.3 [步骤] 点击【修改 | 放样 > 编辑轮廓】上下文功能选项卡 | 【绘制】面板 | 【直线】工具，通过调整轮廓线相关尺寸以及应用【修改】面板中的工具，令构件截面形状、尺寸、位置准确。⓲

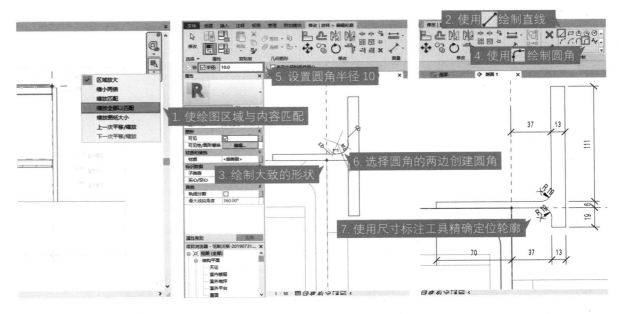

图 14.17　绘制放样轮廓

14.5.6.4 在【修改 | 放样 > 编辑轮廓】上下文功能选项卡 | 【模式】面板中勾选【完成编辑模式】完成轮廓编辑。

14.5.6.5 在【修改 | 放样】上下文功能选项卡 | 【模式】面板中勾选【完成编辑模式】。

14.5.7 [步骤] 选中截面；点击【属性】选项板 | 【材质与装饰】部分的【材质】信息栏右侧的小按钮，弹出【关联族参数】对话框，在菜单中选择"结构材质"，按【确定】完成材质设置。

14.5.8 [步骤] 点击【修改 | 放样】上下文功能选项卡 | 【属性】面板 | 【族类型】工具，弹出【族类型】对话框；激活【结构材质】的信息栏，点击信息栏右侧的小按钮，弹出【材质浏览器】；在【项目材质】菜单中选择"钢-白漆"，按【确定】完成选择；按【确定】完成族类型材质设置。

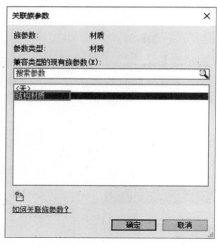
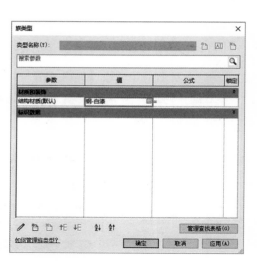

图 14.18 材质参数设置

14.5.9 [步骤] 在三维视图中检查关系是否准确，如无误，勾选【修改】功能选项卡 |【在位编辑器】面板 |【完成模型】，完成檐口钢构的创建。

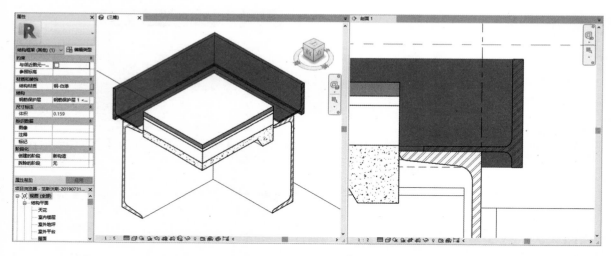

图 14.19 在 { 三维 } 视图中检视完成情况

⑭ Revit 里有一个 Bug：当角钢作为梁插入后，一旦对截面做旋转操作，在令其斜接建立子连接的时候就会发生错误。由于角钢不是常用的结构构件，更多用于构造连接构件，所以在一般的结构创建中问题不大。

14.6 创建封檐角钢

14.6.1 在檐口钢件的上口，用一根 50×50×6 的角钢封檐；角钢顶面的标高即确定建筑"屋面"标高平面的基准，创建时要令角钢顶面与"屋面"标高对齐。

14.6.2 为了简化建模步骤，我们选择 [14.5] 步中创建檐口钢件的方法来创建一圈角钢檐口；以下每一步操作都是与 [14.5] 步中相同的，读者可以将两个构件的创建结合起来理解和练习。⑭

14.6.3 [步骤] 在【建筑】功能选项卡｜【构建】面板｜【构件】下拉菜单中选择【内建模型】，弹出【族类别和族参数】对话框；在【族类别】菜单中选择"结构框架"，按【确定】完成选择，弹出【名称】对话框，按【确定】默认命名（"结构框架 2"）即可；绘制区域进入编辑模式。

14.6.4 [步骤] 选择创建方式：进入"屋面"结构平面视图；点击【创建】功能选项卡｜【形状】面板｜【放样】工具。

14.6.5 [步骤] 确定工作平面：点击【修改｜放样】上下文功能选项卡｜【工作平面】面板｜【设置】工具，弹出【工作平面】对话框，在【指定新的工作平面】中勾选【名称】，在下拉菜单中选择"标高：屋面"。

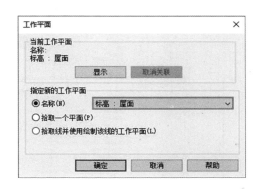

图 14.20 设定工作平面为"标高：屋面"

14.6.6 [步骤] 绘制放样路径：点击【修改｜放样】上下文功能选项卡｜【工作平面】面板｜【绘制路径】工具；点击【修改｜放样 > 绘制路径】上下文功能选项卡｜【绘制】面板｜【矩形】工具，沿屋面（檐口钢件外沿）外边界绘制一个矩形框；在【模式】面板中个勾选【完成编辑模式】。

14.6.7 [步骤] 绘制截面轮廓：

14.6.7.1 [步骤] 点击【修改｜放样】上下文功能选项卡｜【放样】面板｜【编辑轮廓】工具，弹出【转到视图】对话框，在菜单中选择绘制截面轮廓的视图,选择任意一个剖到檐口位置的剖面视图如"剖面 1"，按【打开视图】进入该视图。

14.6.7.2 可以看到一组正交垂直的参照平面和作为基准的端点（如当前绘制区域不显示，可在绘制区域右侧的视图管理工具中点击【缩放以全部匹配】）。

14.6.7.3 [步骤] 点击【修改 | 放样 > 编辑轮廓】上下文功能选项卡 |【绘制】面板中的【直线】工具、【起点 - 终点 - 半径弧】等工具，通过调整轮廓线相关尺寸以及应用【修改】面板中的工具，令构件截面形状、尺寸、位置准确（如图 14.21 所示）。 ⑮

14.6.7.4 [步骤] 在【修改 | 放样 > 编辑轮廓】上下文功能选项卡 |【模式】面板中勾选【完成编辑模式】完成轮廓编辑。

14.6.7.5 [步骤] 在【修改 | 放样】上下文功能选项卡 |【模式】面板中勾选【完成编辑模式】。

14.6.8 [步骤] 选中截面；点击【属性】选项板 |【材质与装饰】部分的【材质】信息栏右侧的小按钮，弹出【关联族参数】对话框，在菜单中选择"结构材质"，按【确定】完成材质设置。

14.6.9 [步骤] 点击【修改 | 放样】上下文功能选项卡 |【属性】面板 |【族类型】工具，弹出【族类型】对话框；激活【结构材质】的信息栏，点击信息栏右侧的小按钮，弹出【材质浏览器】；在【项目材质】菜单中选择"钢 - 白漆"，按【确定】完成选择；按【确定】完成族类型材质设置。

14.6.10 [步骤] 在三维视图中检查关系是否准确，如无误，勾选【修改】功能选项卡 |【在位编辑器】面板 |【完成模型】，完成封檐角钢的创建。

⑮在放样轮廓的绘制截面上，由正交的参照线形成了一个中心点，这个中心点与轮廓的位置关系取决于绘制轮廓时的相对位置。这个中心点的位置即在模型空间中放置族实例时鼠标标靶所指向的位置。

有些时候会选择构件的几何对称中心或形心来定位中心点，有时是比较关键的拐点或端点，这些都依据对构件的理解和应用时的预判来决定。当然，中心点的决定也不必苛求，因为在大多数情况下，放置构件后都需要根据设计来微调定位，中心点的设定其实只影响第一次放置。

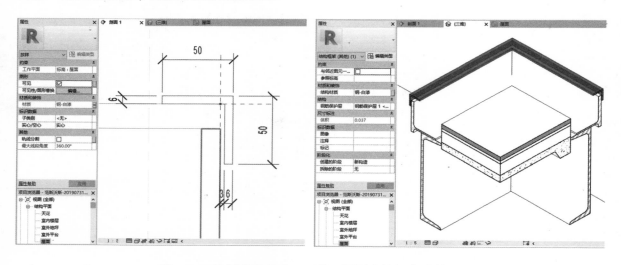

图 14.21 绘制截面并在 { 三维 } 视图中检视完成情况

14.7 修改保温及屋面构造层范围

14.7.1 进入"剖面 2"视图，可以发现 [14.3] 中创建的保温及屋面构造层到 [14.5] 中创建的檐口钢件翼板内沿还有一定距离，用【对齐尺寸标注】工具量取，可知距离为 137。

14.7.2 [步骤] 进入"屋面"结构平面视图，选择 [14.3] 中创建的保温及屋面构造层"屋面 -80mm"，点击【修改 | 屋顶】上下文功能选项卡 |【模式】面板 |【修改迹线】工具，此时绘制区域仍处于编辑模式。

14.7.3 [步骤] 点击【修改 | 编辑迹线】上下文功能选项卡 |【修改】面板 |【偏移】工具，在选项栏中【偏移】栏输入"137"，并取消勾选【复制】，在绘图区域中拾取要偏移的边（粉色矩形框的四条边），偏移每条边时，根据提示的蓝色虚线确定要偏移的方向，点击鼠标确认完成偏移；在【模式】面板中个勾选【完成编辑模式】。

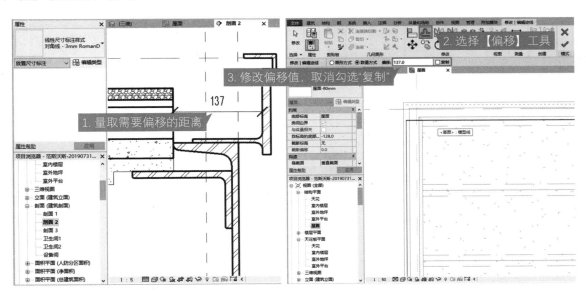

图 14.22 使用【偏移】工具修改迹线

14.7.4 [步骤] 在 { 三维 } 视图及 "剖面 2" 中检视关系是否准确。

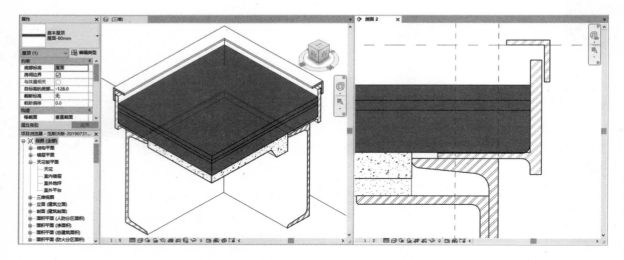

图 14.23　在 { 三维 } 视图及 "剖面 2" 中检视关系

14.8　创建吊顶

14.8.1 [步骤] 创建天花板平面视图：

14.8.1.1 [步骤] 在【视图】功能选项卡｜【创建】面板｜【平面视图】下拉菜单中选择 "天花板投影平面"，弹出【新建天花板平面】对话框；选中 "室内楼层" 标高，并勾选菜单栏下的【不复制现有视图】（这样每个标高都会创建一个平面视图）；按【确定】创建 "室内楼层" 天花板平面视图。

14.8.1.2 从【项目浏览器】的【视图】中可以进入 "天花板平面" 展开菜单下的 "室内楼层" 天花板平面视图，从绘制区域可以看到与楼层平面视图方向、形状相对应的天花的投影。❶❾ ⑯

❶❾ [赏析] 吊顶在密斯的设计中有着非常特殊的意义，在密斯绝大多数的作品中（几乎是除他的封山之作——德国新国家美术馆东馆外的所有作品）都采用吊顶，这意味着他无意表现建筑的梁架。

吊顶消解了建筑结构的及物属性，一方面成为空间的围合界面，另一方面又令屋顶呈现为一块抽象的几何板块。虽然同属技术表现的范畴，但 "材料表现" 与 "节点表现" 有着非常大的不同，密斯的建筑中，钢结构总是能表现出它本身的材料特征，但是密斯却很少展示节点的交接关系。

⑯ 关于天花板平面视图

天花板平面视图的创建，是 Revit 为建筑师提供的又一便利。它不是简单的仰视图，而是以常规平面图向下俯视的视角，将天花的内容投影到这个视角下的水平面中，形成天花板投影平面。

相比于仰视图，这种投影平面的优势在于，它能与常规的平面图保持方向的统一，使得平面图中的轴网、上下左右关系等保持一致，让建筑师能更加高效地查看、解决问题，省去了转换方向、找对应关系的时间。在国标的制图标准中，也要求使用这种投影平面而非仰视图来绘制建筑吊顶、灯具、风口等设计布置图。在传统二维制图的时代，绘制这样一张天花板投影平面需要设计师强大的空间想象力，现如今在 Revit 中就可以一键生成了。

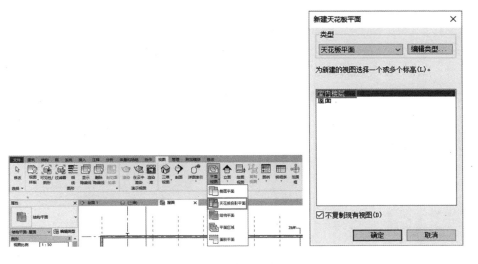

图 14.24 创建天花板平面

14.8.2 [步骤]设置"室内楼层"天花板视图的可视范围：进入"室内楼层"天花板平面视图；在【属性】选项板的【范围】部分下点击【视图范围】的【编辑】按钮，弹出【视图范围】对话框；在【顶部】下拉菜单中选择"屋面"，偏移值键入"0"，在【标高】下拉菜单中选择"屋面"，偏移值键入 0，【剖切面】的偏移值键入"2500"。⑪⑦

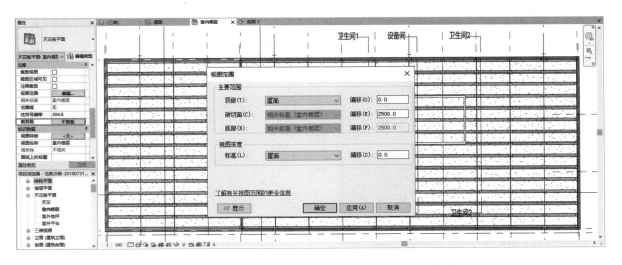

图 14.25 调整"室内楼层"天花板视图的可视范围

14.8.3 [步骤]点击【建筑】功能选项卡 | 【构建】面板 | 【天花板】工具；在【属性】选项板的族类型菜单中选择"复合天花板 | 光面"；在【属性】选项板中点击【编辑类型】按钮，弹出【类型属性】对话框；点击【复制】按钮创建一个新类型，命名如"光面 - 抹灰 -16mm"，按【确定】完成命名。

14.8.4 [步骤]设置构造层次：点击【构造】部分中【结构】栏的【编辑】按钮，弹出【编辑部件】对话框，弹出【编辑部件】对话框 [在默认的构造层次里，第 2 项为结构层，第 4 项为石膏板面层（"松散 -

⑰ **关于视图范围**

　　每个平面图都具有视图范围属性，该属性也称为可见范围。"顶"和"底"表示视图范围的最顶和最底。 "剖切面"用于确定特定图元（如墙、柱）在视图中显示为剖面时的剖切高度。这三个平面可以定义视图范围的主要范围。视图深度是主要范围之外的附加平面。更改视图深度，可以显示主要范围之下的图元。

　　以下立面显示平面视图的视图范围⑦：顶部①、剖切面②、底部③、视图深度④、主要范围⑤和视图深度范围⑥。

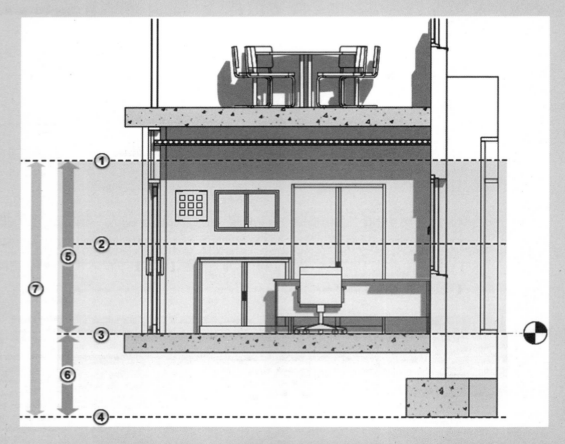

图 14.26　视图范围示意(源自于 Revit 帮助文件词条"关于视图范围")

⑪如不将石膏板向上移则无法删除结构层，两"核心边界"之间不能为空。

石膏板"），本例中我们仅创建吊顶面层]，选中第 4 项石膏板，点击【向上】按钮令其层次向上排列，进入两个"核心边界"之间，删除第 2 项；在石膏板层的【厚度】栏键入"16"；按【确定】完成部件编辑。

14.8.5 [步骤] 在【编辑类型】对话框中按【确定】完成类型设置。⑪

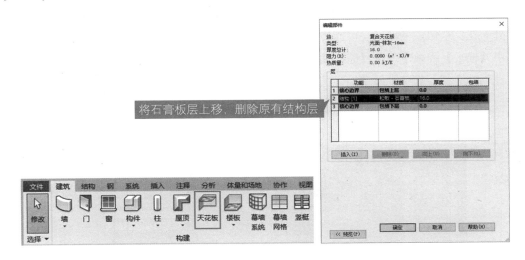

图 14.27　选择【天花板】工具并复制新类型"光面 - 抹灰 -16mm"

14.8.6 [步骤] 点击【修改 | 放置 天花板】上下文功能选项卡 | 【天花板】面板 | 【绘制天花板】工具，绘制区域进入编辑模式；点击【修改 | 创建天花板边界】上下文功能选项卡 | 【绘制】面板 | 【矩形】工具，在选项栏中的【偏移】栏中键入"-6"（天花边缘与槽钢边缘水平向脱开 6 mm 间隙），捕捉槽钢圈梁翼缘板内沿边界绘制一个矩形；在【模式】面板中勾选【完成编辑模式】完成天花板创建。

14.8.7 [步骤] 选中天花板，在【属性】选项板的【约束】部分内设置竖向定位：在【标高】下拉菜单下选择"天花"，在【自标高的高度偏移】栏键入"0"。

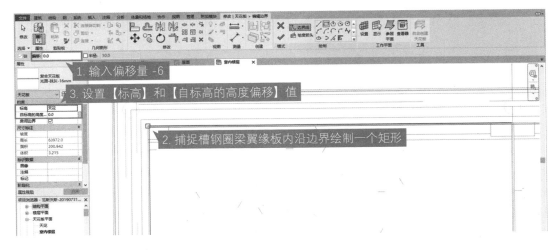

图 14.28　绘制天花板

14.8.8 进入能剖到天花关系的剖面视图（如"剖面 2"）检视天花关系是否准确；会发现"核心筒"主管井和入口处的幕墙处（正是截断地面砖的位置）需要剪裁天花板面。

14.8.9 [步骤] 选中天花板；点击【修改｜天花板】上下文功能选项卡｜【模式】面板｜【编辑边界】工具，绘制区域进入编辑模式，天花边界变成可编辑状态（粉红色线）；点击【修改｜天花板 > 编辑边界】上下文功能选项卡｜【绘制】面板｜【矩形】工具，裁去相应的区域，注意：由于入口处幕墙将室内天花和户外天花完全截成两段，还可能用到【修改】面板下的【拆分图元】工具和【修剪 / 延伸为角】工具等；在【模式】面板下勾选【完成编辑模式】。

14.8.10 天花创建完成，在各视图中检视关系是否准确。

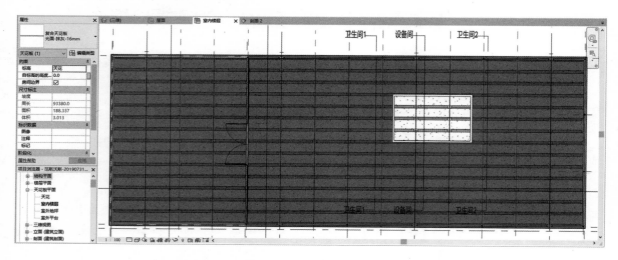

图 14.29 编辑后天花范围裁去入口处幕墙及"核心筒"管井区域

18

第十五章

创建楼梯

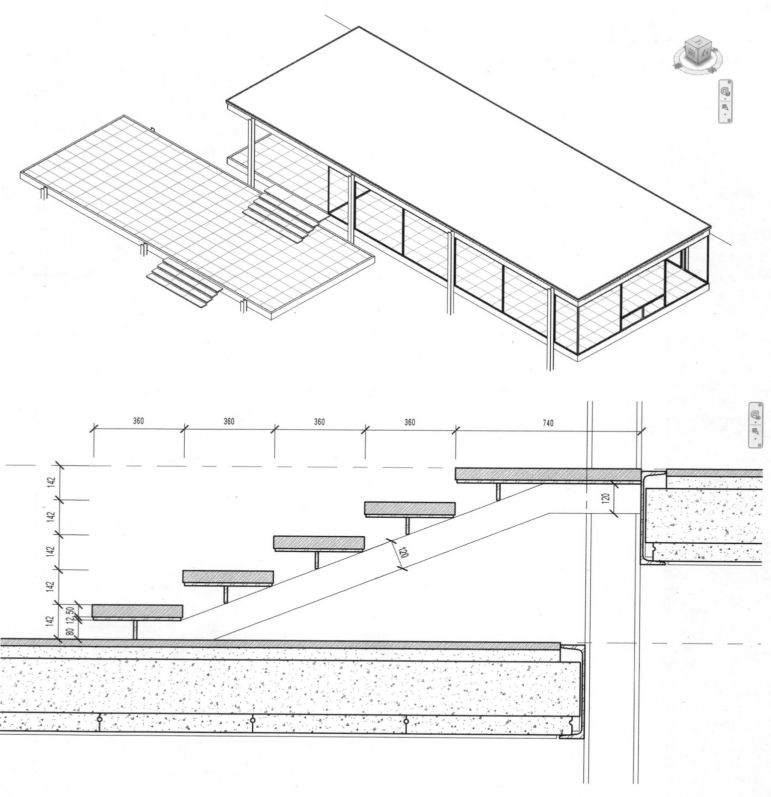

㉑ [赏析] 范斯沃斯住宅作为单层住宅，并没有标准意义上的"楼梯"，仅有连接地面与室外平台以及连接室外平台与主体建筑地坪之间的两个梯段。通常，楼梯是建筑中很特殊的一类要素：它总是表现出很强的功能性和独立性——一部楼梯往往呈现为一个完整的物体。从文艺复兴的米开朗琪罗（如劳伦齐亚纳图书馆的楼梯厅）到现代主义的柯布西耶（如萨伏伊别墅的螺旋楼梯），都有将楼梯作为独立物体而进行雕塑化表现的名作。但是在密斯的建筑表现更接近"风格派"的点、线、面要素拆分，线性的结构与面性的板总是被分别表现，很少强调浑然的体量。所以，在本例中，密斯将楼梯踏步拆分成与平台板、楼板近似的面状要素，取消踏步踢板，并尽可能地掩藏支撑楼梯的钢构，梯段表现为一系列均匀分布的板，而非"一部"完整的梯。

15.1 范斯沃斯住宅的楼梯

15.1.1 范斯沃斯住宅的楼梯是在钢架上搭与地面面层材质相同的石灰华踏板构成的。为了准确地创建钢架以逼近原作的形式，本例中楼梯将分两部分创建：用系统的楼梯族创建踏板；用内建模型来创建钢架。㉑

15.2 设置楼梯踏板

15.2.1 [步骤] 点击【建筑】功能选项卡｜【楼梯坡道】面板｜【楼梯】工具；从【属性】选项板的族类型菜单中选择"组合楼梯｜190mm 最大踢面250mm 梯段"；在【属性】选项板中点击【编辑类型】按钮，弹出【类型属性】对话框；点击【复制】按钮创建一个新类型，命名如"石灰华踏板楼梯"，按【确定】完成命名。

图 15.1 楼梯工具

15.2.2 在【类型参数】的【计算规则】部分里，由于只是限定了计算规则中的极值，本例中的楼梯尺寸都在此规则内，所以不需要修改。

15.2.3 [步骤] 设置踏板：激活【构造】部分中的【梯段类型】信息栏，点击信息栏（默认为"50mm踏板 13mm 踢面"）右侧的小按钮▦，弹出该梯段类型的【类型属性】对话框；点击【复制】按钮创建一个新类型，命名如"石灰华踏板"，按【确定】完成命名。

15.2.4 [步骤] 在【类型参数】｜【材质与装饰】部分设置材质：激活【踏板材质】信息栏，点击信息栏右侧的小按钮，弹出【材质浏览器】，在【项目材质】菜单中选择创建地面面层时设置的"石灰华踏板"，右键复制并命名如"石灰华 - 楼梯踏面"；点击【图形】选项卡｜【表面填充图案】｜【前景】｜【图案】信息栏，弹出【填充样式】对话框，在【填充图案】菜单中选择"石材分缝"，点击菜单下方的【重复填充样式】按钮，弹出【添加表面填充图案】对话框，在【名称】栏中键入如"石材分缝 -360*1227"，在【线间距 1（1）】栏中键入"360"，在【线间距 2（2）】栏中键入"1226.7"；按【确定】完成图案设置；按【确定】退出【填充样式对话框】；按【确定】退出【材质管理器】对话框。

15.2.5 [步骤] 在【类型参数】｜【踢面】部分里取消对【踢面】的勾选。

15.2.6 [步骤] 按【确定】完成对"石灰华踏板"的设置；回到"石灰华踏板楼梯"【类型属性】对话框。

15.2.7 [步骤] 在【类型参数】｜【支撑】部分中取消楼梯梁：在【右侧支撑】下拉菜单中选择"无"，在【左侧支撑】下拉菜单中选择"无"。 ⑪⑨

15.2.8 [步骤] 按【确定】完成对"石灰华踏板楼梯"类型的设置。

⑪⑨在本例中，由于密斯设计的特殊性，所以创建的周折比较大，我们只应用了 Revit 根据踏步数和高差计算踏板的功能，而钢件部分都依据密斯的设计专门创建。但是在一般的设计建模中，Revit 的楼梯工具都是非常方便的，它可以胜任绝大多数常规类型楼梯的创建。

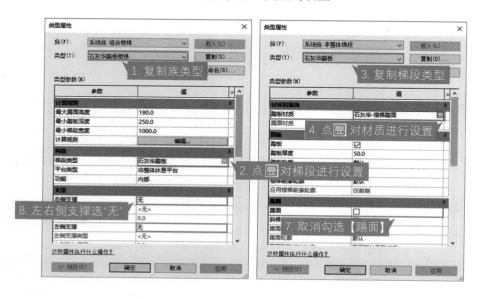

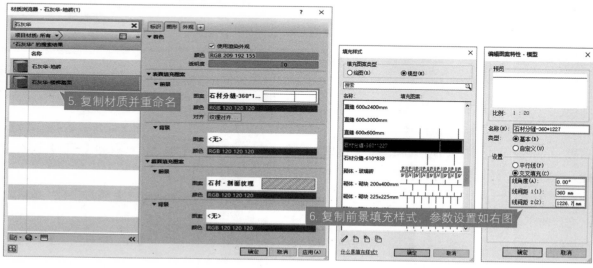

图 15.2 设置楼梯类型参数

15.3 创建下段楼梯踏板

15.3.1 [步骤] 在【修改 | 创建楼梯】上下文功能选项卡 | 【构件】面板中选择【直梯】工具。

15.3.2 [步骤] 在选项栏的【实际梯段宽度】栏中键入"3680";在【定位线】下拉菜单中选择"梯段：中心"。

15.3.3 [步骤] 在【属性】选项板 | 【约束】部分设置标高：在【底部标高】下拉菜单中选择"室外地坪"，在【底部偏移】栏键入"0"，在【顶部标高】下拉菜单中选择"室外平台"，在【顶部偏移】栏键入"0"。

15.3.4 [步骤] 在【属性】选项板 | 【尺寸标注】部分设置踏步：在【所需踢面数】中键入"5"，在【实际踏板深度】栏键入"360"。

15.3.5 [步骤] 此时绘制区域仍处于编辑模式，在放置楼梯的位置附近左键单击确定楼梯第一部中点位置，在楼梯上楼方向再次左键单击，创建整部楼梯；综合运用【移动】工具和【对齐尺寸标注】工具，将楼梯踏步放置在准确位置；在【模式】面板下勾选【完成编辑模式】，完成梯段踏板的创建。

15.3.6 [步骤] 进入"{ 三维 }"视图，选中默认生成的楼梯栏杆并删除。

15.3.7 在三维视图中检视踏板关系是否准确；会发现踏板厚度上的石材分缝与踏面上的分缝石错开的。

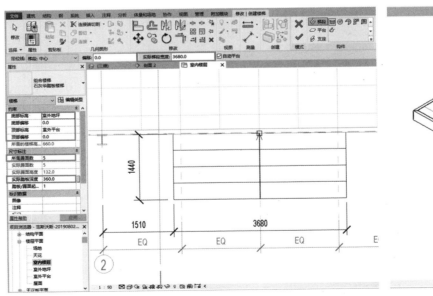
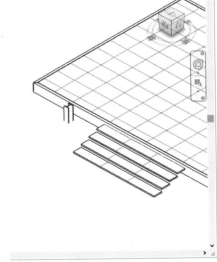

图 15.3 绘制楼梯

15.3.8 [步骤] 在"{ 三维 }"视图中选中厚度方向的石材分缝（可将鼠标光标悬停在附近并用 Tab 键切换选择），用【移动】工具捕捉厚度上的分缝线，并捕捉移动到与踏面上的分缝线对齐的位置。

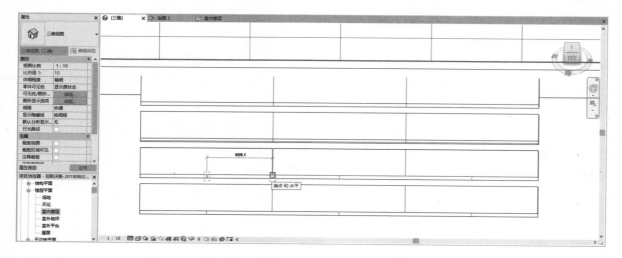

图 15.4　用【移动】工具将厚度方向的与踏面的分缝线对齐

15.4　创建踏板底钢板

15.4.1 [步骤] 在"室内楼层"平面视图中，用【移动】工具将"剖面 1"向右移动 1500 mm，使"剖面 1"可以剖到楼梯，然后进入"{ 三维 }"视图。　⑳

15.4.2 [步骤] 在【建筑】功能选项卡 | 【构建】面板 | 【构建】下拉菜单中选择【内建模型】工具，弹出【族类别和族参数】对话框；在【族类别】菜单中选择"楼梯"；按【确定】退出对话框，沿用默认名（"楼梯 1"）；绘制区域进入编辑模式。

15.4.3 [步骤] 点击【创建】功能选项卡 | 【形状】面板 | 【拉伸】工具；点击【修改 | 创建拉伸】上下文功能选项卡 | 【工作平面】面板 | 【设置】工具，弹出【工作平面】对话框；在【指定新的工作平面】中单选【拾取一个平面】；按【确定】回到绘制区域；选择某个踏板的下表面作为工作平面；在弹出的【转到视图】窗口中选择一个平面视图如"室内楼层"平面视图。

15.4.4 [步骤] 创建钢板：在选项栏的【深度】栏中键入"-12"（钢板厚 12 mm，厚度向下拉伸），在【偏移】栏键入"-6"（钢板边界比踏板向内缩进 6 mm）；点击【修改 | 创建拉伸】上下文功能选项卡 | 【绘制】面板 | 【矩形】工具，捕捉该踏板下表面角点框一个矩形边界，在【模式】面板中勾选【完成编辑模式】，完成对边界的编辑。

15.4.5 [步骤] 设置材质：

⑳在设计过程中，有很多位置都需要截取剖面视图来检视构造关系或空间形式，但通常我们不会为每一项检视都创建一个剖面，那样可能会导致剖面视图过多，反而不便于视图的管理。所以，通常会针对典型的剖切关系创建有限的几个剖切，然后通过微调剖切位置来实现不同位置的具体检视。

15.4.5.1 [步骤] 绘制区域仍处于编辑模式，选中钢板，参考 [10.3.11]，在模型上点击【取消关联工作平面】。

15.4.5.2 [步骤] 参考 [10.3.12.2]，在【属性】选项板 ｜【材质和装饰】部分，点击【材质】信息栏右侧的小按钮，弹出【关联族参数】对话框；点击【新建参数】按钮，弹出【参数属性】对话框，在【参数数据】｜【名称】栏中键入"钢"，按【确定】退出【参数属性】对话框；按【确定】退出【关联族参数】对话框。

15.4.5.3 [步骤] 点击【修改 ｜族参数】上下文功能选项卡 ｜【属性】面板 ｜【族类型】工具，弹出【族类型】对话框，激活"钢"对应的【值】信息栏并点击信息栏右侧小按钮，弹出【材质浏览器】，在【项目材质】菜单中选择"钢 - 白漆"，按【确定】完成材质选择；按【确定】退出【族类型】对话框。

15.4.6 踏板底钢板创建完成，在"剖面 1"中检视钢板与踏板的关系。

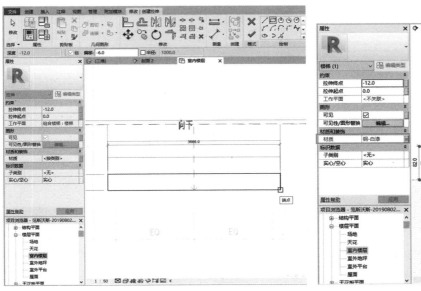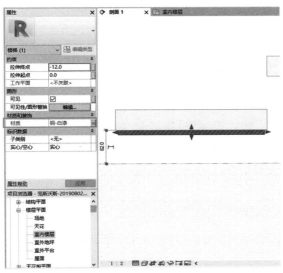

图 15.5　创建踏板底钢板

15.5　创建竖向支撑钢板

15.5.1 保持创建拉伸的编辑模式。

15.5.2 [步骤] 在"{ 三维 }"视图中，点击【创建】功能选项卡 ｜【形状】面板 ｜【拉伸】工具；点击【修改 ｜创建拉伸】上下文功能选项卡 ｜【工作平面】面板 ｜【设置】工具，弹出【工作平面】对话框；在【指定新的工作平面】中单选【拾取一个平面】；按【确定】回到绘制区域；选择踏板侧边厚度面为工作平面。

15.5.3 [步骤] 在"剖面 1"中，点击【修改 | 创建拉伸】上下文功能选项卡 |【绘制】面板 |【矩形】工具，框一个竖向的矩形边界；综合运用【修改】面板中的工具以及尺寸标注，令竖向支撑钢板截面处于准确的位置和尺寸，在【模式】面板中勾选【完成编辑模式】，完成对边界的编辑。

18.5.4 [步骤] 选中钢板；在模型上点击【取消关联工作平面】；在【属性】选项板 |【材质和装饰】部分，点击【材质】信息栏右侧的小按钮，弹出【关联族参数】对话框，在菜单中选择"钢"，按【确定】完成材质设置。

15.5.5 [步骤] 竖向支撑钢板两端从踏板两端缩进 128 mm：应用【对齐】工具，令竖向支撑钢板两端与踏板两端对齐；在【属性】选项板 |【约束】部分中设置拉伸起止点：在【拉伸起点】栏键入"-128"，在【拉伸终点】栏键入"-3552"；则钢板两端都退进 128 mm。

15.5.6 竖向支撑钢板创建完成，在"{ 三维 }"中检视钢板与踏板的关系。

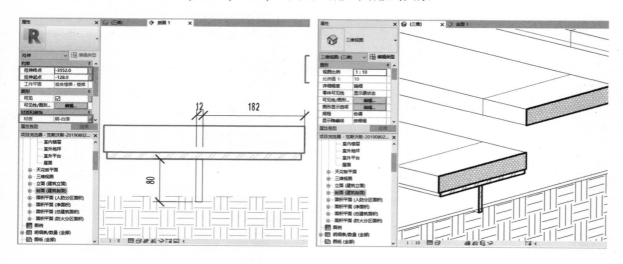

图 15.6　创建竖向支撑钢板

15.6　复制踏板钢构

15.6.1 [步骤] 在"剖面 1"中，选中踏板底钢板与竖向支撑钢板，将其复制到第二级踏步踏板相应位置。

15.6.2 [步骤] 点击【修改 | 创建拉伸】上下文功能选项卡 |【创建】面板 |【创建组】工具，将第二级踏步踏板下的钢构成组（第一级踏步处的钢构作为起点与其他级略不同，须单独修改），模型组命名如"楼梯 1- 支撑钢构"。

15.6.3 [步骤] 将模型组复制到其他踏步踏板相应位置。

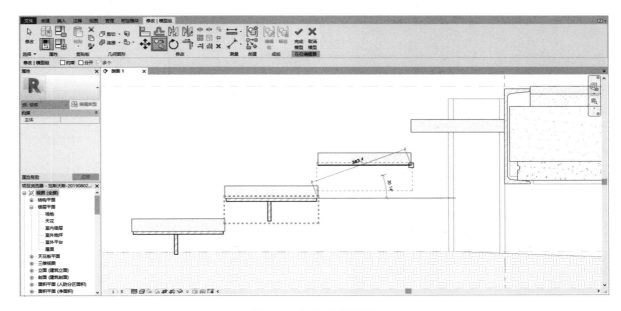

图 15.7　复制踏板钢构

15.7　创建楼梯梁

15.7.1 保持创建拉伸的编辑模式。

15.7.2 [步骤] 在 "{ 三维 }" 视图中，点击【View Cube】上的 "右" 视图，令视图视角为楼梯侧面正投影；点击【创建】功能选项卡 |【形状】面板 |【拉伸】工具；点击【修改 | 创建拉伸】上下文功能选项卡 |【绘制】面板 |【直线】工具，捕捉各级踏步踏板底钢板角点确定斜楼梯梁线；综合运用【修改】面板中的【复制】【修剪 / 延伸单个单元】【偏移】等工具，根据设计绘制楼梯梁边界；在【模式】面板中勾选【完成编辑模式】，完成对边界的编辑。

15.7.3 [步骤] 选中楼梯梁；在模型上点击【取消关联工作平面】；在【属性】选项板 |【材质和装饰】部分，点击【材质】信息栏右侧的小按钮，弹出【关联族参数】对话框，在菜单中选择 "钢"，按【确定】完成材质设置。

15.7.4 [步骤] 在【属性】选项板 |【约束】部分中的【拉伸终点】栏键入 "12"（楼梯梁钢板厚度）；点击【View Cube】上的 "前" 视图，令视图视角为楼梯正面正投影，以便调整楼梯梁位置；用【移动】工具令楼梯梁的水平位置比踏板的竖向支撑钢板向内退进 20 mm。

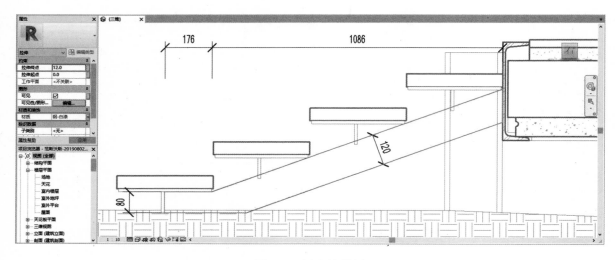

图 15.8 创建楼梯梁

15.7.5 [步骤] 楼梯梁一共有三根：选中楼梯斜梁并成组，模型组命名如"楼梯 1- 斜梁"，并将其复制到对称的另一侧以及居中的位置。

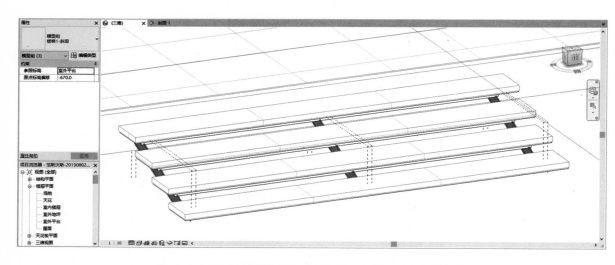

图 15.9 将楼梯梁复制到对称的另一侧以及居中的位置

15.8 微调

15.8.1 [步骤] 点击【View Cube】上的"左"视图（或"右"视图），令视图视角为楼梯侧面正投影，以便调整楼梯钢构的交接关系；选中第二级踏步踏板的支撑钢件的模型组，不断双击直至进入编辑竖向支撑钢件截面轮廓的编辑模式，调整底边位置令其与斜梁成搭接关系；在【模式】面板中勾选【完成编辑模式】完成轮廓编辑。

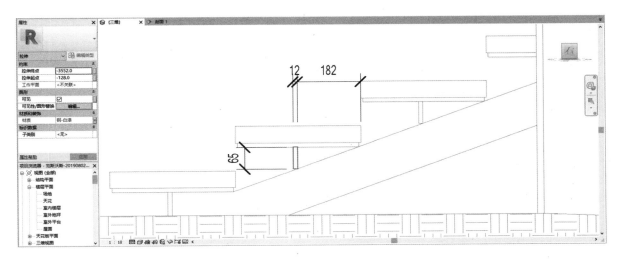

图 15.10　调整竖向支撑钢件底边位置

15.8.2 [步骤] 在【修改】功能选项卡｜【在位编辑器】面板中勾选【完成模型】，结束编辑模式，完成楼梯钢构的创建。

15.8.3 下部楼梯创建完成。

15.9　上部楼梯与下部略有差别

15.9.1 两步楼梯都是分 5 级踏步，但下部楼梯登上了 660 mm 的高差，上部楼梯则登上 710 mm 高差。

15.9.2 上部楼梯登上"室内楼层"标高的楼板处，有一段跟楼板标高一致的突出段，尽管看起来是楼梯的一部分，但实际上是楼板的延伸。

15.10　以下部楼梯为基础创建上部楼梯

15.10.1 [步骤] 在"剖面 1"中，将 [15.3] 到 [15.8] 所创建的楼梯踏板（组合楼梯 - 石灰华踏板楼梯）及踏板下部支撑构件（内建模型"楼梯 1"）同时选中，运用【修改】面板中的【复制】工具，以 A 轴与"室外平台"标高交点为复制起点，将这组楼梯复制到 C 轴与"室内楼层"标高的交点处。

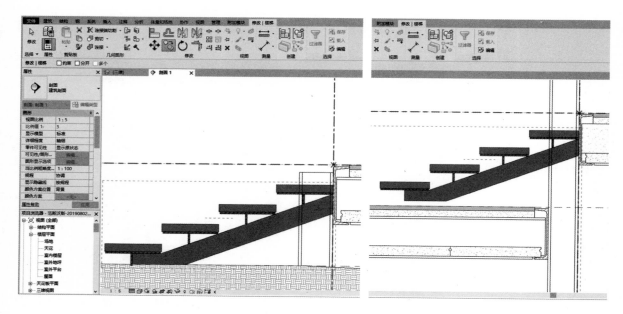

图 15.11 复制下部楼梯到室外平台上

15.10.2 [步骤] **保持楼梯踏板及踏板下部支撑构件为同时选中的状态，运用【修改】面板中的【移动】工具，勾选【约束】，以任意点为起始点，将所选对象向左移动 740 mm。**

15.10.3 [步骤] **选中上部的楼梯踏板，在【属性】选项板｜【约束】部分修改参数：在【底部偏移】栏键入"0"，在【顶部偏移】栏键入"0"。**

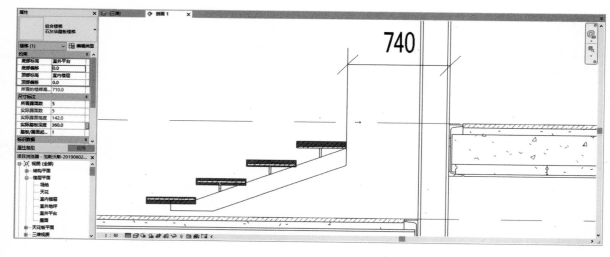

图 15.12 移动楼梯并调整标高参数设置

㉑ 这里关于材质设置的步骤和栏目都略显复杂，本册教材的教学重点是讲解最基础的建模方法和技巧，材质设置的环节不可避免，但并不是这个阶段学习的重点。读者可姑且跟随教材步骤完成这些创建，对材质设置的界面和基本方法有个粗略的体会，如仍有困惑，可不必过分纠结其中。更详细和系统的操作和原理，将会在进阶的分册中讲解。

15.10.4 [步骤] 绘制楼梯平台段：

15.10.4.1 [步骤] 进入"室内楼层"平面视图，在【建筑】功能选项卡 | 【构建】面板 | 【楼板】下拉菜单中选择【楼板：建筑】工具，绘制区域进入编辑模式；在【属性】选项板中选择族类型"面层 - 石灰华地砖 -80mm"，点击【编辑类型】按钮，弹出【类型属性】对话框。

15.10.4.2 [步骤] 点击【复制】按钮，弹出【名称】对话框，键入名称如"面层 - 石灰华 - 楼梯平台 -50mm"，按确定完成命名。

15.10.4.3 [步骤] 在【类型参数】菜单 | 【结构】部分 | 【结构】栏点击【编辑】按钮，弹出【编辑部件】对话框。

15.10.4.4 [步骤] 选中并删除第 3 项"衬底 [2]"，在第 2 项"面层 1[4]"的【厚度】栏中键入"50"。

15.10.4.5 [步骤] 单击激活【材质】栏，点击信息栏右侧出现的按钮，弹出【材质浏览器】对话框，在【项目材质】选择创建地面面层时设置的"石灰华 - 地砖"，右键复制并命名如"石灰华 - 楼梯平台"；点击【图形】选项卡 | 【表面填充图案】 | 【前景】 | 【图案】信息栏，弹出【填充样式】对话框，在【填充图案】菜单中选择"石材分缝"，点击菜单下方的【重复填充样式】按钮，弹出【添加表面填充图案】对话框，在【名称】栏中键入如"石材分缝 -740*1227"，在【线间距 1（1）】栏中键入"740"，在【线间距 2（2）】栏中键入"1226.7"；按【确定】完成图案设置；按【确定】退出【填充样式】对话框；按【确定】退出【材质浏览器】对话框。㉑

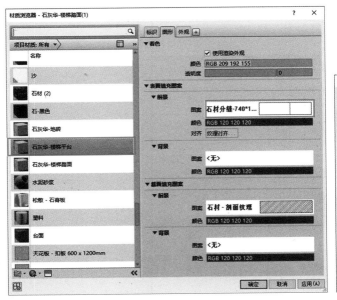

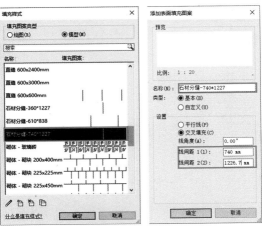

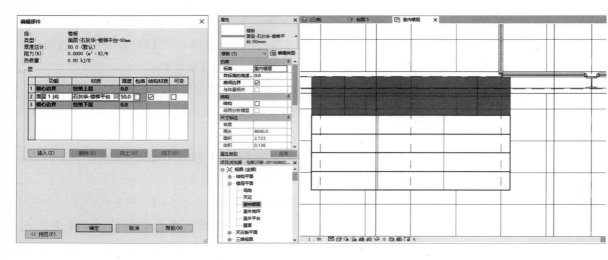

图 15.13 设置并绘制楼梯平台

15.10.4.6 [步骤] 在"室内楼层"平面视图中，运用【修改】面板中的【对齐】工具，使楼梯平台的纵向石材分缝线与踏面上的分缝线位置对齐，楼梯平台横向的石材分缝线与平台边线对齐。

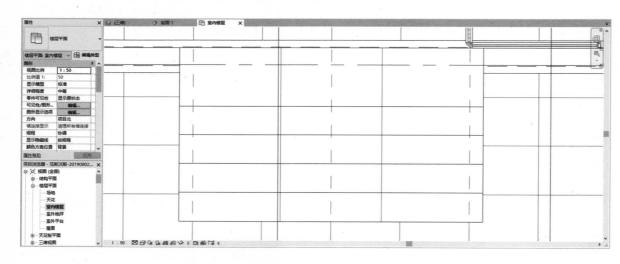

图 15.14 用【对齐】工具调整楼梯平台石材分缝

15.10.5 [步骤] 修改平台及踏板底部构件：

15.10.5.1 [步骤] 选择内建模型"楼梯 1"，点击【修改 | 楼梯】上下文功能选项卡 |【模型】面板 |【在位编辑】工具（或双击内建模型）。

15.10.5.2 [步骤] 弹出窗口提示"一个或多个尺寸标注参照无效或已变为无效"，由于 [15.10.1] 中将下部楼梯复制到室外平台上部，原本尺寸标注参照的构件位置已经发生改变，尺寸标注变为无效，因此可以选择【删除一个或多个参照】。

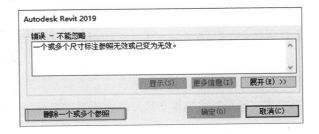

图 15.15　选择删除已失效的尺寸标注

15.10.5.3 [步骤] 用【修改】面板中的【移动】工具，调整支撑钢构的位置，使支撑钢构上沿与楼梯踏板下沿平齐。

15.10.5.4 [步骤] 将第四级踏步踏板下的"楼梯 1- 支撑钢构"模型组复制到楼梯平台下方，在【属性】选项板中的【编辑类型】按钮，弹出【类型属性】对话框；按【复制】弹出【名称】对话框，键入名称如"楼梯 2- 支撑钢构 2"，按【确定】完成命名。

15.10.5.5 [步骤] 选中"楼梯 2- 支撑钢构 2"模型组，在【修改 | 模型组】上下文选项卡 |【成组】面板中选择【编辑组】，使用【修改】面板中的【对齐】工具，将踏板底钢板右侧与 C 轴对齐，在【编辑组】面板下勾选【完成】结束编辑。

15.10.5.6 [步骤] 在"{ 三维 }"视图中，选中三根梯梁"楼梯 1- 斜梁"，在【属性】选项板中的【编辑类型】按钮，弹出【类型属性】对话框；按【复制】弹出【名称】对话框，键入名称如"楼梯 2- 斜梁"，按【确定】完成命名。

15.10.5.7 [步骤] 回到"剖面 1"视图，选择其中一根"楼梯 2- 斜梁"，在【修改 | 模型组】上下文选项卡 |【成组】面板中选择【编辑组】，在【修改 | 拉伸】上下文选项卡 |【模式】面板中选择【编辑拉伸】；综合运用【修改】面板中的【复制】【修剪 / 延伸单个单元】【偏移】等工具，根据设计调整楼梯梁边界。

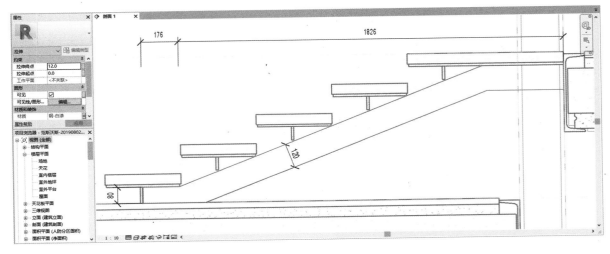

图 15.16　修改"楼梯 2- 斜梁"拉伸轮廓

15.10.5.8 [步骤] 选中第 2~4 级踏步踏板的支撑钢件模型组，在【属性】选项板中的【编辑类型】按钮，弹出【类型属性】对话框；按【复制】弹出【名称】对话框，键入名称如"楼梯 2- 支撑钢构"，按【确定】完成命名。

15.10.5.9 [步骤] 不断双击直至进入编辑竖向支撑钢件（"楼梯 2- 支撑钢构"与"楼梯 2- 支撑钢构 2"）截面轮廓的编辑模式，调整底边位置令其与斜梁成搭接关系；在【模式】面板中勾选【完成编辑模式】完成轮廓编辑。

15.10.5.10 上部楼梯创建完成。

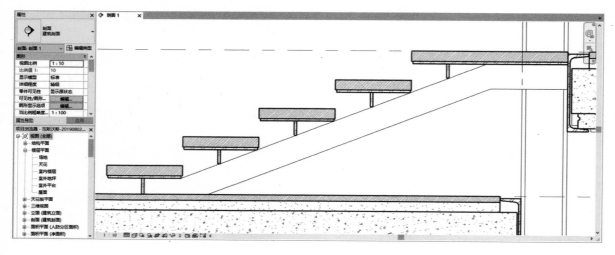

图 15.17　微调竖向支撑钢件截面轮廓

第十六章

创建基础

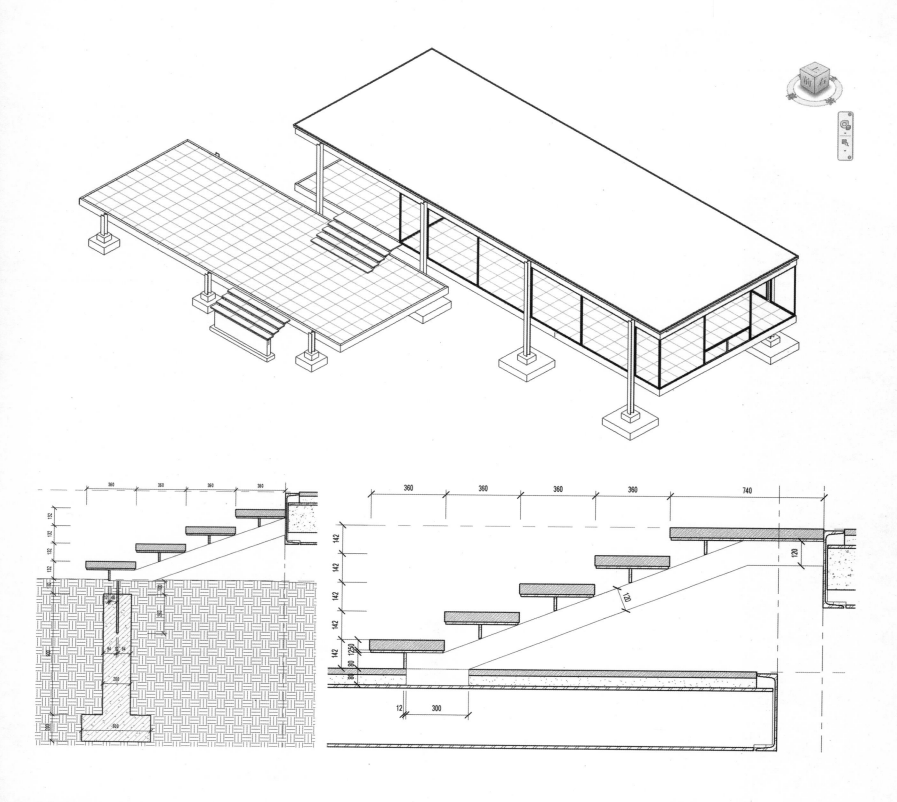

16.1　范斯沃斯住宅的基础

16.1.1 基础虽然看不见，但是为了保证本册书教学的完整性，这一章教基础创建。㉑

16.2　创建主体建筑柱基础

16.2.1 [步骤] 载入基础族：

16.2.1.1 [步骤] 点选【文件】选项卡｜【打开】｜【族】，弹出文件浏览器；从打开路径："Libraries\China\ 结构 \ 基础"进入"钢"文件夹中检视族列表，根据设计需要选择"独立基础 - 二阶"族文件；按【打开】打开族文件。

图 16.1　载入"独立基础 - 二阶"族文件

16.2.1.2 [步骤] 打开"独立基础 - 二阶"族文件，参考 [9.2.2] 操作，通过【项目浏览器】进入族的"参照标高"平面视图及"前"立面视图，可看到用来控制基础几何形态的尺寸参数。

19.2.1.3 [步骤] 点击【创建】选项卡｜【属性】面板｜【族类型】工具，在弹出的窗口中可以看到绘图区域中的尺寸标注与族类型参数一一对应，了解 h1、h2、xc、yc 分别对应控制的内容。

㉑ [赏析] 老测绘图中只表达了独立基础的做法，但底部截断表达，无具体数据。我们查阅了美国国家文物保护信托基金会提供的文件（https://www.farnsworthhouse.org/wp-content/uploads/National_Trust_Farnsworth_Thorton_Tomasetti.pdf），找到了对基础形状描述的图纸。根据该图纸，确定本册书在创建独立基础时的选型。

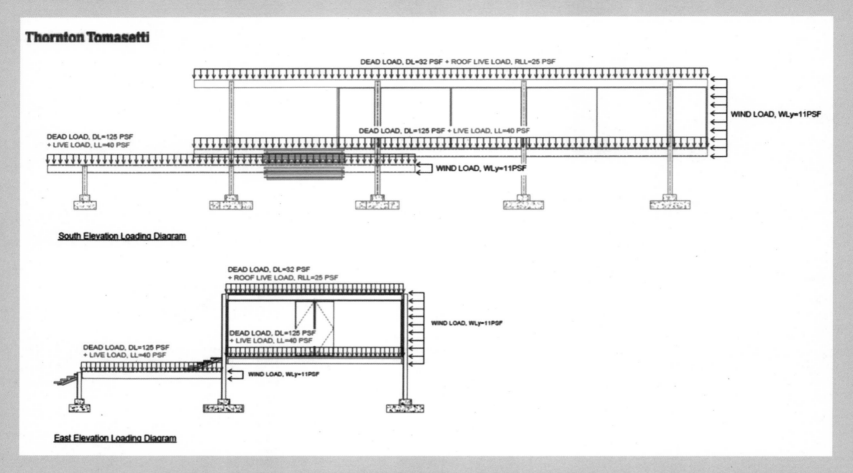

图 16.2　美国国家文物保护信托基金会提供的研究资料

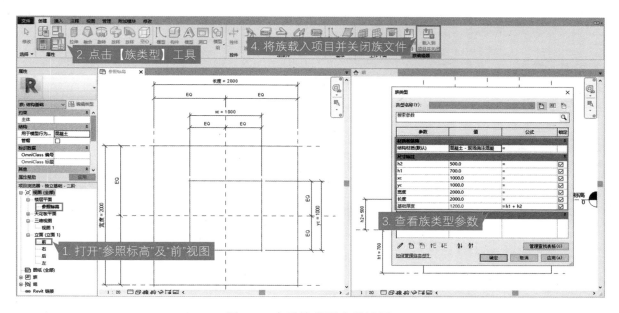

图 16.3 查看族类型参数设置

16.2.1.4 [步骤] 如经检视确认该族符合设计应用的要求，则点击【修改】选项卡 |【族编辑器】面板 |【载入到项目并关闭】工具，将该族载入项目；退出族文件，回到项目文件。

16.2.2 [步骤] 放置主体建筑柱基础：

16.2.2.1 [步骤] 进入"室外地坪"平面视图，点选【结构】选项卡 |【基础】面板 |【独立】工具。

图 16.4 【独立】基础工具

16.2.2.2 [步骤] 在【属性】选项板中点击【编辑类型】按钮，弹出【类型属性】对话框；点击【复制】来复制一个新类型，作为建筑主体柱基础的类型，在弹出的【名称】对话框的【名称】栏中键入新类型名称，如"独立基础 - 二阶 -1800*700"。

16.2.2.3 [步骤] 在族类型"独立基础 - 二阶 -1800*700"【类型参数】的【尺寸标注】部分设置如下：【h1】栏键入"400"；【h2】栏键入"300"；【xc】栏与【yc】栏键入"600"；【宽度】和【长度】栏键入"1800"；按【确定】完成设置。

16.2.2.4 [步骤] 在【属性】选项板 |【约束】部分 |【自标高的高度偏移】栏中将偏移数据改为"-800"，并取消勾选【结构】部分的【启用分析模型】。

16.2.2.5 [步骤] 在绘图区域中，拾取主体建筑的 H 型钢柱中心点并点击鼠标左键放置基础，会发现放置后的基础不可见。

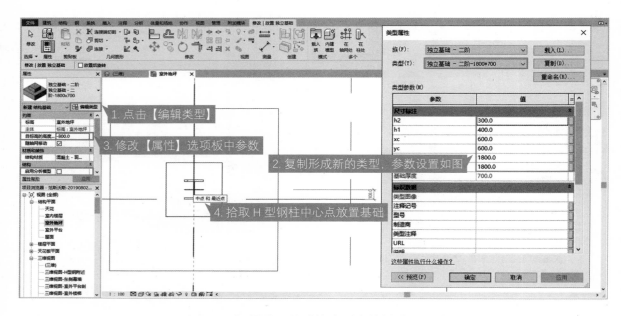

图 16.5　设置独立基础族类型参数并放置基础

16.2.2.6 [步骤] 按 Esc 键退出放置独立基础的模式，选中 [4.5] 中创建的地形，右键找到【在视图中隐藏】菜单的【图元】选项，将地形在这个视图中隐藏，即可看到地形下方的基础了。

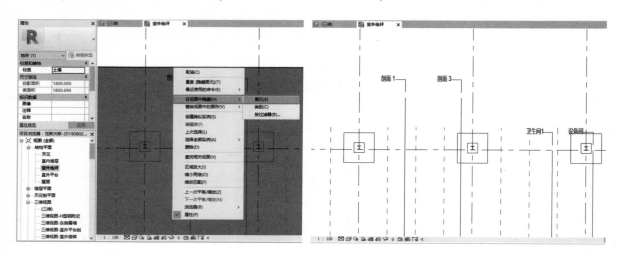

图 16.6　隐藏地形

16.2.2.7 [步骤] 利用【修改】选项卡中的【复制】工具，将基础复制到主体建筑的其他 H 型钢柱中心点上。

16.2.3 [步骤] 设置基础材质：

16.2.3.1 [步骤] 选中所有基础，点击【属性】选项板 |【材质与装饰】部分的【材质】信息栏右侧的小按钮 **…**，进入【材质浏览器】。

16.2.3.2 [步骤] 在【项目材质】菜单中选择"混凝土 - 现场浇注混凝土"，右键复制并命名如"混凝土 - 现场浇注钢筋混凝土"；【图形】选项卡 | 【截面填充图案】| 【前景】| 【图案】信息栏，弹出【填充样式】对话框，在【填充图案】菜单中选择"混凝土 - 钢砼"，按【确定】退出【填充样式】对话框；将相应的颜色设置为灰色；按【确定】退出【材质浏览器】对话框。

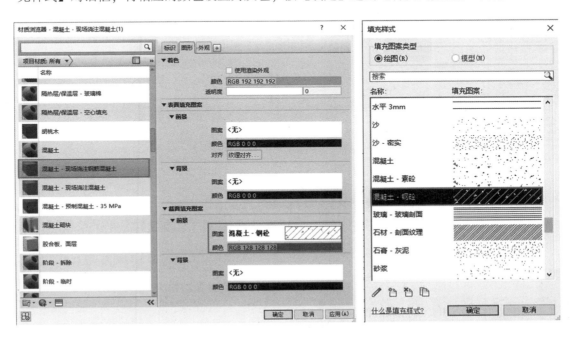

图 16.7　基础材质设置

16.3　创建室外平台柱基础

16.3.1 [步骤] 选中 [16.2] 中放置的一个主体建筑柱基础，通过【复制】工具将它复制到一个室外平台 H 型钢柱的中心点上。

16.3.2 [步骤] 在【属性】选项板中点击【编辑类型】按钮，弹出【类型属性】对话框；点击【复制】来复制一个新类型，作为室外平台柱基础的类型，在弹出的【名称】对话框的【名称】栏中键入新类型名称，如"独立基础 - 二阶 -1000*700"。

16.3.3 [步骤] 在族类型"独立基础 - 二阶 -1000*700"【类型参数】的【尺寸标注】部分，将【xc】栏与【yc】栏参数值改为"470"；【宽度】和【长度】栏参数值改为"1000"；按【确定】完成设置。

16.3.4 [步骤] 在【属性】选项板 | 【约束】部分 | 【自标高的高度偏移】栏中将偏移数据改为"-800"。

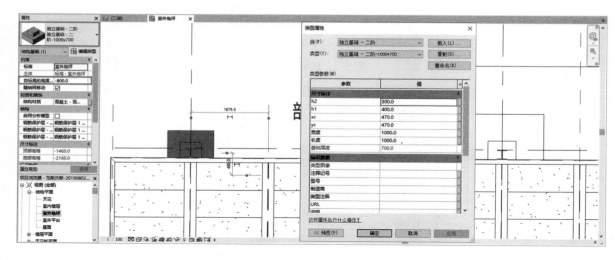

图 16.8　修改室外平台柱基础族类型

16.3.5 [步骤] 利用【修改】选项卡中的【复制】工具，将该基础复制到室外平台的其他 H 型钢柱中心点上。

16.3.6 [步骤] 在"{ 三维 }"视图中，选中地形右键隐藏，检查基础与 H 型钢柱高度是否满足承接关系。

16.4　创建下部楼梯基础

16.4.1 下部楼梯基础由一个扁钢插入地下连接楼梯与基础。

16.4.2 [步骤] 进入"剖面 1"视图，选择 [15.3] 到 [15.8] 中创建的下部楼梯"楼梯 1"，点击【修改｜楼梯】上下文功能选项卡｜【模型】面板｜【在位编辑】工具（或双击内建模型）。

16.4.3 [步骤] 点击【创建】功能选项卡｜【形状】面板｜【拉伸】工具；选择梯梁侧面为工作平面，点击【修改｜创建拉伸】上下文功能选项卡｜【绘制】面板｜【矩形】工具，绘制一个矩形框；运用【修改】面板中的【移动】工具，根据设计精确调整矩形框的定位和尺寸；在【模式】面板中勾选【完成编辑模式】，完成对拉伸边界的编辑。

16.4.4 [步骤] 选中扁钢；在模型上点击【取消关联工作平面】；在【属性】选项板｜【材质和装饰】部分，点击【材质】信息栏右侧的小按钮，弹出【关联族参数】对话框，在菜单中选择"钢"，按【确定】完成材质设置。

16.4.5 [步骤] 在"{ 三维 }"视图中，用【对齐】工具令扁钢的两端与楼梯两侧的梯梁内侧对齐。

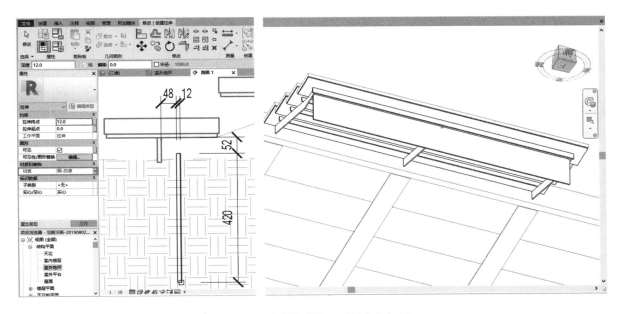

图 16.9 用【拉伸】工具创建扁钢

16.4.6 [步骤] 在"室外地坪"平面视图中,选中②轴上的室外平台柱基础,用【复制】工具将它复制到室外平台下部楼梯前沿中点处;用【移动】工具调整"剖面 1"的位置,使其剖切到基础。

16.4.7 [步骤] 在"剖面 1"中用【对齐】工具将基础与扁钢居中对齐。

16.4.8 [步骤] 勾选【修改】功能选项卡︱【在位编辑器】面板︱【完成模型】。

16.4.9 [步骤] 在"剖面 1"中选中基础,在【属性】选项板︱【约束】部分︱【自标高的高度偏移】栏中将偏移数据改为"-110"。

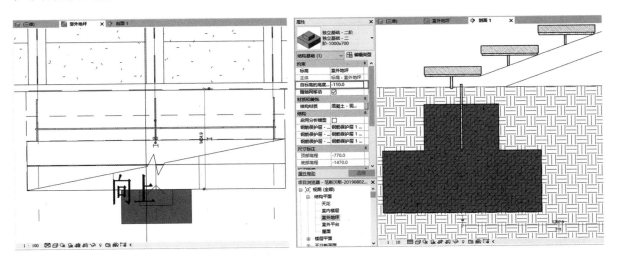

图 16.10 复制并对齐基础

16.4.10 [步骤] 在【属性】选项板中点击【编辑类型】按钮，弹出【类型属性】对话框；点击【复制】来复制一个新类型，作为建筑主体柱基础的类型，在弹出的【名称】对话框的【名称】栏中键入新类型名称，如"独立基础 - 二阶 -500×1100"。

16.4.11 [步骤] 在族类型"独立基础 - 二阶 -500×1100"【类型参数】的【尺寸标注】部分设置如下：【h1】栏键入"200"；【h2】栏键入"900"；【xc】栏键入"3380"；【yc】栏键入"200"；【宽度】栏键入"500"；【长度】栏键入"3680"；按【确定】完成设置。

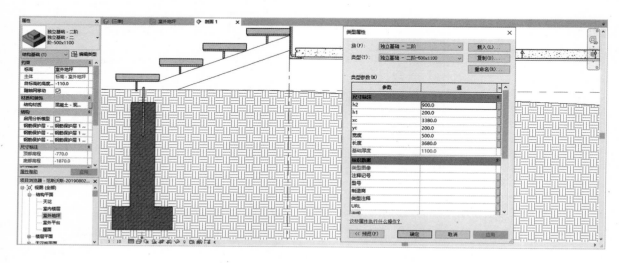

图 16.11　复制并修改族类型参数

16.4.12 在"{ 三维 }"视图中，检查基础两侧是否比扁钢两侧多出 10 mm，查看承接关系。

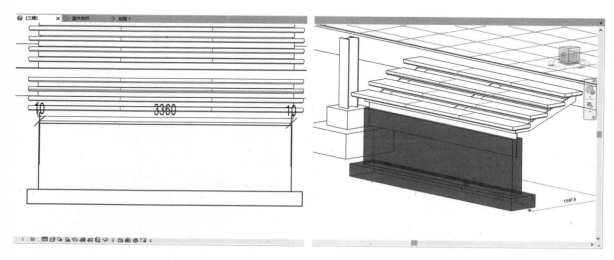

图 16.12　在"{ 三维 }"视图中检视承接关系

16.5 创建上部楼梯的支承扁钢

16.5.1 我们推测上部楼梯下方在砖缝处应有扁钢插入到室外平台的 H 型钢梁上。

16.5.2 [步骤] 进入"剖面 1"视图，选择 [15.10] 中创建的上部楼梯踏板下部支撑构件，点击【修改｜楼梯】上下文功能选项卡｜【模型】面板｜【在位编辑】工具（或双击内建模型）。

16.5.3 [步骤] 点击【创建】功能选项卡｜【形状】面板｜【拉伸】工具；选择梯梁侧面为工作平面，点击【修改｜创建拉伸】上下文功能选项卡｜【绘制】面板｜【矩形】工具，在第一级踏步下方绘制一个矩形框；运用【修改】面板中的【对齐】【移动】等工具，根据设计精确调整矩形框的定位和尺寸；在【模式】面板中勾选【完成编辑模式】，完成对拉伸边界的编辑。

16.5.4 [步骤] 选中扁钢；在模型上点击【取消关联工作平面】；在【属性】选项板｜【材质和装饰】部分，点击【材质】信息栏右侧的小按钮，弹出【关联族参数】对话框，在菜单中选择"钢 - 白漆"，按【确定】完成材质设置。

16.5.5 [步骤] 在"{ 三维 }"视图中，扁钢被室外平台面层遮住了。勾选【修改】功能选项卡｜【在位编辑器】面板｜【完成模型】。参考 [16.2.2.6] 操作，选中并右键隐藏室外平台的面层，调整剖面框使在【View Cube】"前"面能看到完整的扁钢。再选踏板下部支撑构件，点击【修改｜楼梯】上下文功能选项卡｜【模型】面板｜【在位编辑】工具（或双击内建模型），进入编辑模式，用【对齐】工具令扁钢与梯梁在厚度方向的两侧对齐。

16.5.6 [步骤] 用【复制】工具，将扁钢复制到其他两处梯梁下。

16.5.7 [步骤] 在"{ 三维 }"视图中，检视扁钢与梯梁、H 型钢梁搭接关系，确认无误后，勾选【修改】功能选项卡｜【在位编辑器】面板｜【完成模型】。

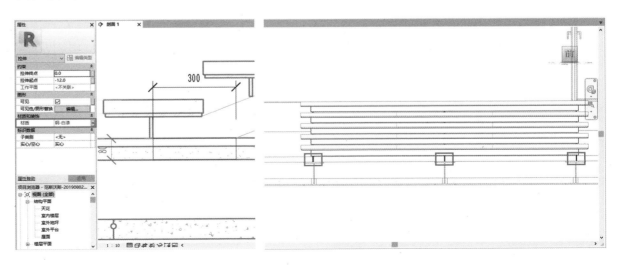

图 16.13 绘制扁钢

16.5.8 [步骤] 点击绘图区域下方视图控制栏中的【显示隐藏的图元】按钮 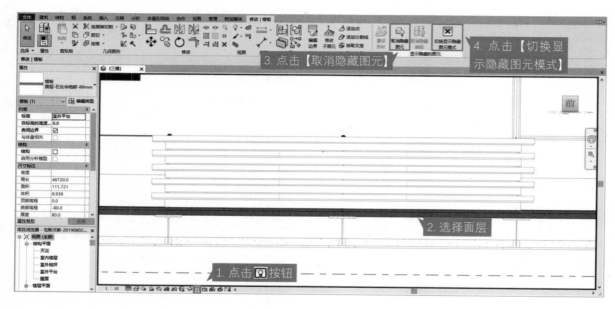，绘图区域中显示出 [16.5.5] 中被隐藏的面层（在该视图模式下，被隐藏的图元以粉色线显示，未被隐藏的图元以灰色线显示），选中面层，点击【修改 | 楼板】上下文选项卡 |【显示隐藏的图元】|【取消隐藏图元】工具，取消面层的隐藏，再点击【修改 | 楼板】上下文选项卡 |【显示隐藏的图元】|【切换显示隐藏图元模式】，退出该显示模式。

图 16.14　取消隐藏面层

16.5.9 至此，基础就全部创建完成了。

第十七章

后记

　　建筑信息模型（BIM）这门技术在中国的境遇有点古怪：政府在要求它，行业在鼓吹它，IT 人在开发它，代理商在兜售它——但是，却很少有建筑师真正在使用它。通常，学科及行业里的重大变革，都应该是由领域中的精英人物来探索其方法、再引领其潮流的，但在当前，BIM 只是作为一个独立专业存在着，掌握 BIM 技术的从业者多数是"BIM 工程师"而非"建筑师"，更难奢望优秀建筑师和顶尖建筑师了。BIM 技术，本来应该是用来"做建筑"的，而不是"做 BIM"的。

　　建筑师对 BIM 的陌生，导致 BIM 技术严重缺少建筑学视角的审视，并因此被建筑学的学术拒之门外；而学术价值的匮乏，反过来又让建筑师们越发漠视甚至鄙视这门技术——这是一个恶性循环。

　　上述种种，是我们编写这套丛书的出发点。我和我的搭档们共同创建的同尘设计工作室，并不是 BIM 技术的专项从业团队，我们做建筑和园林设计，做学术研究，为企业提供咨询，为年轻建筑师提供专业培训……建筑师而非 BIM 工程师的身份，以及建筑师独特的视角和从建筑学学科出发对 BIM 技术的应用体验，或许让我们有机会针对上述问题做一点儿事情。于是，我们选择喜欢的大师名作作为教材的教具，通过 BIM 技术来品鉴名作，同时也通过名作来品鉴这门技术。本册选择的范斯沃斯住宅，正是现代主义大师密斯·凡·德·罗的代表作，密斯用 H 型钢和 C 型槽钢两种标准构件，演化出了无穷无尽的形式变化和令人目驰神迷的构造逻辑，在编写本册教材的过程中，我们自己也深感受益匪浅。

　　第一册的编写格外艰辛，除了要对同尘团队的伙伴们道声辛苦，还要感谢东南大学出版社的戴丽副社长和魏晓平编辑在全程给予的悉心指导和鼎力支持！

　　在未来的一段时间里，我们或许可以让丛书的编写形成一种习惯，陆续把喜爱的名作以这样的形式诠释出来，并以更多的阶段、应用类型和相关领域的视角来阐释 BIM 技术，希望能对学界和业界的读者朋友，提供有价值的帮助。

张　翼

2020 年 2 月 25 日

本教材所附自定义族，请用手机浏览器或电脑微信识别下载